U0255098

山西省哲学社会科学规划课题：山西省中部城市群高质量协同发展的对策研究（项目编号：2022YJ088）

山西省来晋优秀博士科研资助项目：中国三大城市群节能减排效率测算及提升路径研究（项目编号：W20222011）

山西省科技战略研究专项："双碳"目标下异质性环境规制倒逼山西省工业绿色转型的机制、效应及对策研究（项目编号：202204031401106）

太原科技大学博士科研启动基金：中国三大城市群节能减排效率差异性及空间治理研究（项目编号：W20212011）

# 中国三大城市群节能减排效率及空间治理研究

郭姣◎著

**图书在版编目（CIP）数据**

中国三大城市群节能减排效率及空间治理研究/郭姣著.—北京：经济管理出版社，2023.5
ISBN 978-7-5096-8984-4

Ⅰ.①中… Ⅱ.①郭… Ⅲ.①城市群—节能—研究—中国 Ⅳ.①TK01

中国国家版本馆 CIP 数据核字(2023)第 068503 号

组稿编辑：谢 妙
责任编辑：谢 妙
责任印制：许 艳
责任校对：张晓燕

出版发行：经济管理出版社
（北京市海淀区北蜂窝 8 号中雅大厦 A 座 11 层 100038）
网 址：www.E-mp.com.cn
电 话：（010） 51915602
印 刷：唐山玺诚印务有限公司
经 销：新华书店
开 本：720mm×1000mm/16
印 张：10.25
字 数：155 千字
版 次：2023 年 5 月第 1 版 2023 年 5 月第 1 次印刷
书 号：ISBN 978-7-5096-8984-4
定 价：56.00 元

# 前　言

城市群作为主体功能区划的重点与优先开发区，是引领未来中国经济高质量发展的重要动力源。京津冀、长三角、珠三角城市群分别位于中国北部、东部和南部的发达地区，既是我国区域经济发展的重要载体，也是我国发育较成熟和较具竞争力的城市群。作为党和国家的重大战略决策，京津冀、长三角、珠三角城市群发展的一个重要目标是打造并成为世界级城市群，进而推动全国经济社会的高质量发展。

2015 年 6 月，中共中央、国务院印发《京津冀协同发展规划纲要》，2019 年 2 月及同年 12 月，《粤港澳大湾区发展规划纲要》及《长江三角洲区域一体化发展规划纲要》相继印发，三大城市群发展全部上升为重大国家战略。近年来，随着三大城市群发展战略的逐步推进，京津冀、长三角、珠三角城市群在交通互联互通、产业协同发展、公共服务均等化等方面取得了较大成就，但是三大城市群在资源能源消耗、污染物排放、生态环境协同治理等方面仍面临重大挑战。因此，本书将对三大城市群节能减排效率及空间治理问题进行相关研究，以期对三大城市群高质量协同发展目标的实现提供一定的参考借鉴。

本书以京津冀、长三角、珠三角城市群为研究对象，从节能减排效率测算、节能减排效率动态特征及潜力、节能减排效率空间效应及治理、节能减排效率影响因素空间计量分析四个方面出发，系统研究了三大城市群节能减排效率及空间治理问题，并提出了提升三大城市群节能减排效率的对策建议。笔者期望读者可以通过阅读本书来了解三大城市群节能减排效率的现状、问题及治理途径，同时希望本书研究可以为三大城市群节能减排相关政策的制定和实施提供一定的科学依据。

本书的撰写及出版得到了山西省哲学社会科学规划课题（2022YJ088）、山西省来晋优秀博士科研资助项目（W20222011）、山西省科技战略研究专项（202204031401106）及太原科技大学博士科研启动基金（W20212011）的资助，在此表示衷心感谢！由于本书涉及面较广，在写作过程中借鉴参考了本领域相关专家学者公开发表的学术成果、文献资料及网络资源，已尽可能在本书参考文献中进行列示，恐有所遗漏。对于极个别由于笔者疏忽而没有注释的参考文献，在此表示歉意，并向所有相关作者表示诚挚的谢意！另外，由于本书所涉及的一些问题尚处于探索和完善阶段，加之笔者自身学识和水平所限，书中不足之处在所难免，敬请相关专家、同行和广大读者批评指正。

郭　姣

2023 年 1 月于太原

# 目　录

# 第一章　绪　论

## 第一节　研究背景与意义

### 一、研究背景

长期以来，中国经济一直保持着平稳较快的增长。据国家统计局数据显示，2020 年中国 GDP 达到 101.6 万亿元，首次突破 100 万亿元大关，同比上年增长 2.3%，占世界经济比重超 17%。然而，快速的经济增长也带来了大量的能源消费。2020 年中国能源消费总量达到 49.8 亿吨标准煤，同比上年增长 2.2%。能源作为经济发展的重要物质基础，有力支撑了国民经济的高速增长。但与世界各国相比，我国能源消费总量仍处于较高水平。据《世界能源统计年鉴（2020）》数据显示，2019 年中国能源消费增长占世界增量的 3/4，并且中国能源消费结构仍以煤炭为主，2019 年煤炭消费量占全国能源消费总量的 57.7%。能源的大量消耗和以煤炭为主的能源消费结构，导致我国的经济增长方式长期以“高能耗、高排放、高污染”的粗放型经济发展模式为主，给生态环境带来了巨大的压力。

依托能源消费实现快速经济增长，引发的环境问题同样在西方工业化进程中出现过[1]。但中国作为世界上最大的发展中国家，在发展过程中面临人口压力大、资源相对不足、环境资源承载能力有限等问题，生态环境的内在不足和对经济增长的刚性约束，使得中国经济发展与环境保护之间的矛盾比世界上其他国家更加突出[2]。据世界银行数据显示，中国自 2006 年以来就是 $CO_2$ 和 $SO_2$ 排放量最大的国家，均居世界首位[3,4]。据《中国环境统计年鉴（2019）》数据显示，2018 年中国 $SO_2$ 排放总量为 516.1 万吨，其中，工业 $SO_2$ 排放总量为 446.7 万吨，占比达到 86.6%；氮氧化物排放总量为 1288.4 万吨，工业氮氧化物排放量占比达到 45.7%；颗粒物排放总量为 1132.3 万吨，工业颗粒物排放量占比达到 83.8%；化学需氧量 COD 排放量达到 584.2 万吨；工业固体废物产生量达到 41.5 亿吨。总体来看，一些污染物排放仍处于较高水平，而且污染物主要来源于工业。据《2019 中国生态环境状况公报》数据显示，2019 年，在全国 337 个地级及以上城市中，空气质量达标城市数量仅为 157 个，占全部城市总量的 46.6%，180 个城市空气质量超标，占比达到 53.4%，大部分城市空气质量仍处于较差状态；377 个城市平均优良天数比例为 82.0%，其中仅 16 个城市优良天数比例达到 100%；2019 年全国生态环境状况指数为 51.3，生态质量一般。2019 年，在全国 10168 个国家级地下水监测点中，Ⅰ类、Ⅱ类、Ⅲ类水质监测点仅占 14.4%。

面对经济快速增长与能源环境之间矛盾的日益深化，中国政府逐渐将节能减排作为解决这一发展困境的有效途径。中国政府首次将节能减排提升到重要的战略地位是在 2006 年的“十一五”规划中。此后，中国政府高度重视节能减排，从多方面提出具体的约束性目标。“十一五”时期，国家把节能减排作为调整产业结构、加快转变经济发展方式的重要抓手和突破口，并在纲要中首次提出节能减排约束性目标，将节能减排列为各级政府工作的考核指标。“十一五”规划中提出的约束性目标主要包括：万元 GDP 能耗到 2010 年降低 20%，主要污染物减少 10%。“十二五”时期，国家重点提出，要坚持产业结构优化、大幅度提高能效、显著减少污染物，尽快建设环境友好型社会，并在纲要中提出以下节能减排约束性目标：万元 GDP 能耗到 2015 年下降至 0.869 吨标准煤，化学需氧量、$SO_2$ 排放量、氨氮和 $NO_X$ 排放量分别控制在 2347.6 万吨、2086.4 万吨、238 万吨、2046.2 万吨。《“十三五”节能减排综合工作方案》进一步提出，落实节约资源和保护环境基本国策，以提高能源利用效率和改善环境质量为目标，保障人民群众健康和经济社会可持续发展，实现经济发展与环境改善双赢，加强重点领域节能，强化主要污染物减排，并提出具体的节能减排约束性目标：2020 年万元 GDP 能耗比 2015 年下降 15%，化学需氧量、$SO_2$、氨氮和 $NO_X$ 排放总量分别控制在 2001 万吨、1580 万吨、207 万吨、1574 万吨。“十四五”规划将生态文明建设提到更高层次，重点提出推动绿色低碳发展，持续推进节能减排，持续改善环境质量，全面提高资源能源利用率，并制定 5 个节能减排约束性目标：单位 GDP 能耗、$CO_2$ 排放量分别降低 13.5%、18%，地级以上城市空气质量优良天数比率达到 87.5%，森林覆盖率提高 24.1%，地表水达到或好于Ⅲ类水体比例 87.5%。综上可知，中国政府对节能减排给予了高度重视，节能减排的约束性目标逐渐由控制能耗与污染物排放转向绿色低碳发展、生态保护建设。

城市群作为中国主体功能区划的重点与优化开发区域，是区域协调发展的主要方向。在经济新常态及新型城镇化发展战略的推动下，城市群的建设发展逐渐被提升到前所未有的高度[5]。党的十八大以来，中央对促进区域协调发展、优化区域发展格局进行了一系列部署。2012 年 12 月，中央城镇化工作会议提出要把城市群作为推进新型城镇化的主体，提出继续优化建设好京津冀、长三角、珠三角三大国家级城市群，争取建成具有国家竞争力的世界级城市群，并在中西部和有条件的地方，逐步发展形成若干个城市群，以培育可以辐射带动区域发展的重要增长极。2014 年 3 月，《国家新型城镇化规划（2014—2020）》提出，城市群将成为我国未来生产力布局新的增长点，京津冀、长三角、珠三角城市群要以建设世界级城市群为目标，加快形成国际竞争优势，参与更高层次的国际合作与竞争。2015 年 6 月，中共中央、国务院印发《京津冀协同发展规划纲要》。2016 年 5 月，国务院常务会议通过《长江三角洲城市群发展规划》，2019 年 2 月，中共中央、国务院印发《粤港澳大湾区发展规划纲要》，2019 年 5 月，中共中央政治局会议审议通过《长江三角洲区域一体化发展规划纲要》。京津冀、长三角和珠三角城市群作为我国五大区域发展战略的重要载体，在我国经济社会发展建设中具有举足轻重的影响力，是引领中国未来高质量发展的重要动力源。

从上文分析可以看出，京津冀、长三角和珠三角城市群不仅是我国发育较成熟和较具竞争力的三大城市群，也是中国经济规模较大和经济密度较高的区域，对推动中国区域经济增长和促进城镇化进程具有重要的作用。然而，京津冀、长三角、珠三角城市群也是中国能源消费规模较大和环境污染较突出的地区[6,7]。通过整理相关统计年鉴的数据发现①，2018 年京津冀、长三角、珠三角城市群仅以全国 5. 18%的国土面积，承载了 24. 29%的全国人口总量，却创造了 38. 53%的全国经济总量，是拉动中国经济发展的重要引擎。但 2018 年京津冀、长三角、珠三角城市群能源消费总量占全国能源消费总量的 32. 90%，工业废水排放量、工业 $SO_2$ 排放量、工业烟（粉）尘排放量分别达到 44. 43 亿吨、77. 73 万吨、107. 15 万吨，仍处于较高水平。据《2018 年 5 月京津冀、长三角、珠三角区域及直辖市、省会城市和计划单列市空气质量报告》显示，京津冀、长三角、珠三角城市群平均空气质量优良天数比例分别为 50. 7%、74. 4%、89. 2%，其中京津冀城市群空气质量较差。近些年，三大城市群内多地频繁出现的大规模持续性雾霾天气也从侧面反映出环境问题的严重性。

综上所述，当前中国经济发展取得了显著的成效，但仍面临能源高消耗和环境污染高排放的问题，节能减排作为均衡经济发展和资源环境改善的重要手段，无疑是解决这一发展困境的有效途径。京津冀、长三角、珠三角城市群作为中国经济发展的三个重要增长极，是中国较成熟和较具发展潜力的三大城市群，有较强的区域代表性。在此现实背景下，笔者选取京津冀、长三角、珠三角城市群为研究对象，对三大城市群节能减排效率及空间治理问题进行深入研究。

从理论研究背景来看，学者们基于 3E 理论、绿色发展理论、非均衡理论等对节能减排效率的诸多问题进行了大量相关的研究。3E 理论重点研究能源系统、经济系统、环境系统之间的均衡发展，强调在合理有效使用能源的同时实现经济

① 数据来源：《中国统计年鉴（2019）》《北京统计年鉴（2019）》《天津统计年鉴（2019）》《上海统计年鉴（2019）》《河北统计年鉴（2019）》《江苏统计年鉴（2019）》《浙江统计年鉴（2019）》《安徽统计年鉴（2019）》《广东统计年鉴（2019）》。

的增长与环境质量的改善，最终达到能源、经济、环境三个子系统间的平衡及可持续发展。节能减排效率充分体现了在合理有效使用能源的基础上，实现经济最大化和环境污染最小化的基本思想，是实现 3E 理论核心内涵的最好体现。面对经济高速发展与能源环境矛盾的日益加深，如何实现经济、能源、环境之间的协调与可持续发展，保持较高水平的节能减排效率，已成为当前亟待解决的问题。在《中华人民共和国国民经济和社会发展第十四个五年规划和 2035 年远景目标纲要》中，政府将“推动绿色发展，促进人与自然和谐共生”作为“十四五”时期的重大任务。在经济社会发展新格局下，绿色发展已经成为我国转变经济发展方式、调整优化经济结构的重要动力。因此，笔者在 3E 理论分析框架下，基于绿色发展理论对三大城市群节能减排效率进行深入研究。随着非均衡理论及新经济地理学的不断发展，学者们逐渐开始关注节能减排效率在各区域之间的交互作用和相互影响。城市群发展的最终目标是形成空间组织紧凑、经济联系紧密、高度同城化和高度一体化的城市群体。因此，打破地理限制，突破体制机制障碍，从空间角度探寻实现三大城市群节能减排效率提升的空间治理途径是本书研究的关键所在。

基于上述现实背景与理论背景，笔者选取京津冀、长三角、珠三角城市群为研究对象，重点聚焦分析中国三大城市群节能减排效率测算、节能减排效率动态特征及潜力、节能减排效率空间效应及治理、节能减排效率影响因素，旨在通过对三大城市群节能减排效率的系统研究，从不同视角提出三大城市群节能减排效率提升路径及对策建议，以期为三大城市群节能减排政策的制定和实施提供重要的理论依据和决策参考。

### 二、研究问题

面对中国经济由高速增长转向高质量发展，节能减排已成为解决经济发展过程中资源环境问题的重要手段。京津冀、长三角、珠三角城市群作为拉动中国经济增长的重要动力源，能否实现节能减排效率的高水平发展是决定中国未来能否顺利完成绿色转型升级的关键所在。因此，笔者对三大城市群节能减排效率及空间治理问题进行深入研究。考虑到京津冀、长三角、珠三角城市群在实际发展中的共性与差异性特征，本书将从以下几方面提出具体的研究问题。

（一）科学测度中国三大城市群节能减排效率及节能减排潜力

作为区域发展的重要载体，京津冀、长三角、珠三角城市群在发展过程中均面临较为严重的能源环境问题。针对这一共性，笔者将选取合适的评价指标对京津冀、长三角、珠三角城市群节能减排效率进行测算，并对三大城市群节能减排效率的总体特征进行分析，以对三大城市群节能减排效率有一个初步的了解，为后文的相关研究指明方向。在此基础上，针对三大城市群节能减排效率的发展差异，对三大城市群节能潜力与减排潜力进行科学测算，以明确三大城市群节能减排的工作重点，确定是优先开展节能工作还是优先开展减排工作，并识别三大城市群中节能减排的关键城市，进而探究三大城市群节能减排的实施路径。鉴于此，笔者构建了绿色发展视角下考虑环境收益的节能减排效率评价指标体系，测算了中国三大城市群节能减排效率，并对其总体特征及发展阶段特征进行分析，以掌握三大城市群节能减排效率整体发展规律。

（二）定量表征中国三大城市群节能减排效率的空间相关性

京津冀、长三角、珠三角城市群在发展中存在较大的发展不平衡性，主要表现在三大城市群在腹地城市发展方面存在较大的差距，尤其是京津冀城市群中京津两地与河北各市的发展存在严重的不平衡性。针对这一差异，笔者将对三大城市群节能减排效率的空间效应进行定量表征，以了解三大城市群节能减排效率的空间集聚特征，为开展三大城市群节能减排效率空间治理研究提供重要依据。鉴于此，笔者分析了京津冀、长三角、珠三角城市群节能减排效率的空间相关性，并对三大城市群节能减排效率空间分布格局进行深入探讨，提出了三大城市群节能减排空间治理模式。

（三）厘清各因素对中国三大城市群节能减排效率的影响及空间溢出效应

京津冀、长三角、珠三角城市群在经济发展、产业结构、能源结构、城镇化发展等方面均存在较大差距。针对这一差异，笔者将深入剖析各因素对京津冀、长三角、珠三角城市群节能减排效率的影响及空间溢出效应，以识别影响三大城市群节能减排效率提升的关键因素，并深入探讨各因素对三大城市群节能减排效

率的空间溢出效应，为制定节能减排效率提升的对策建议提供重要依据。鉴于此，笔者分析了经济发展水平、产业结构调整、能源结构、城镇化发展、对外开放程度、环境规制等因素对京津冀、长三角、珠三角城市群节能减排效率的影响及空间溢出效应，并针对不同因素对三大城市群节能减排效率的影响，差别化地提出了三大城市群节能减排效率提升的对策建议。

## 三、研究意义

京津冀、长三角、珠三角城市群作为拉动中国经济增长的重要引擎，是我国发展中较具活力和潜力的区域，其节能减排效率水平直接关系到国民经济的稳步发展和资源环境的可持续发展。鉴于此，首先，笔者在对节能减排效率内涵及相关理论进行梳理的基础上，构建了绿色发展视角下考虑环境收益的节能减排效率评价指标体系，对三大城市群节能减排效率进行测算，通过对节能潜力与减排潜力的分析，明确了三大城市群节能减排实施路径。其次，笔者定量表征了三大城市群节能减排效率的空间效应，通过对三大城市群节能减排效率空间分布特征的分析，提出了三大城市群节能减排效率提升的空间治理模式。最后，通过空间计量模型探究各因素对三大城市群节能减排效率的影响及空间溢出效应，笔者提出了三大城市群节能减排效率提升的对策建议。本书旨在为京津冀、长三角、珠三角城市群在发展过程中实现高质量发展，建设能源与环境的可持续发展提供借鉴，具有重要的理论和实践意义。

### （一）理论意义

本书研究的理论意义主要体现在节能减排效率测度和空间治理两方面。一方面，对节能减排效率内涵的梳理与界定是科学测度中国三大城市群节能减排效率的重要前提。多数学者关于节能减排效率的界定主要通过节约能源和减少污染物排放两个视角进行，关于节能减排效率期望产出指标主要考虑的是单一的经济效益，对绿色发展视角下环境收益的考虑还不够全面。笔者系统梳理了节能减排效率相关概念之间的区别与联系，基于 3E 理论与绿色发展理论，从节能、减排、环境收益三方面对节能减排效率进行界定，提出本书关于节能减排效率研究的理论分析框架，拓展了现有关于节能减排效率测度的研究思路。另一方面，对中国三大城市群节能减排效率空间效应及空间计量分析是探索三大城市群节能减排效率空间治理的重要依据。当前学术界关于节能减排效率空间效应的研究多停留在节能减排效率空间相关性分析层面，对空间治理的研究缺乏深入的探讨。笔者基于三大城市群节能减排效率空间分布特征及各因素对节能减排效率的空间溢出效应，对三大城市群节能减排效率的空间治理问题进行了深入分析，完善了现有关于节能减排效率空间效应研究的理论体系。

（二）实践意义

本书研究的实践意义主要体现在以下方面：首先，对中国三大城市群节能减排效率进行测算，分析三大城市群节能减排效率的发展特征及动态变动趋势，有助于更清晰地了解三大城市群节能减排效率的发展规律及驱动因素，为科学评价三大城市群节能减排效率及制定相关政策提供参考；其次，分析三大城市群节能潜力与减排潜力的大小，可以深入探讨三大城市群能源损失及污染物过度排放程度，明确三大城市群节能减排的工作重点，为三大城市群制定节能减排实施路径提供科学依据；再次，根据三大城市群节能减排效率的空间集聚特征，可以深入探讨三大城市群节能减排效率的空间分布格局，为三大城市群制定节能减排空间治理模式提供科学参考；最后，通过空间计量模型探讨各因素对三大城市群节能减排效率的影响及空间溢出效应，有利于制定提升我国三大城市群节能减排效率的关键策略。

## 第二节　研究目标与内容

### 一、研究目标

在积极推进城市群建设发展的背景下，随着高质量发展和资源环境之间的矛盾加剧，科学测算节能减排效率、明确节能减排实施路径、探究节能减排空间治

理模式、提出节能减排效率提升的对策建议，对促进三大城市群节能减排效率提升，缓解经济发展与资源环境之间的矛盾，实现经济社会的可持续发展具有重要的理论与现实意义。因此，笔者围绕“中国三大城市群节能减排效率及空间治理”这一核心议题，制定如下具体研究目标：

第一，科学测算中国三大城市群节能减排效率。构建绿色发展视角下考虑环境收益的节能减排效率评价指标体系，对三大城市群节能减排效率进行科学测算。在此基础上，探究三大城市群节能减排效率的总体特征及发展阶段特征，旨在揭示三大城市群节能减排效率的发展规律。

第二，明确中国三大城市群节能减排实施路径。通过构建节能潜力与减排潜力模型对三大城市群节能潜力与减排潜力进行测算，识别三大城市群节能减排的工作重点及关键城市，旨在明确三大城市群节能减排实施路径。

第三，探究中国三大城市群节能减排空间治理模式。基于探索性空间数据分析方法对三大城市群节能减排效率的全局空间相关性和局部空间相关性进行分析，揭示三大城市群节能减排效率空间集聚特征及空间分布格局，旨在提出三大城市群节能减排空间治理模式。

第四，提出中国三大城市群节能减排效率提升的对策建议。通过空间计量经济模型深入分析各因素对三大城市群节能减排效率的影响及空间溢出效应，揭示各因素对三大城市群节能减排效率的影响机制，旨在探究三大城市群节能减排效率提升的对策建议。

## 二、研究内容

在系统梳理总结相关理论和研究进展的基础上，笔者依次从节能减排效率测算、节能减排效率动态特征及潜力、节能减排效率空间效应及治理、节能减排效率影响因素四个方面对“中国三大城市群节能减排效率及空间治理问题”进行深入研究，具体的研究内容可分为以下七个章节：

第一章：绪论。阐述本书的选题背景，提出研究问题，并阐明对中国三大城市群节能减排效率及空间治理研究的意义所在。在此基础上，明确本书的研究目标和研究内容，确定研究方法和研究思路，最终归纳出本书的创新之处。

第二章：相关理论与文献综述。首先，对城市群与节能减排效率内涵进行界定；其次，在系统梳理相关理论研究的基础上，提出本书关于节能减排效率研究的理论分析框架；再次，对节能减排效率的国内外研究进展进行详细综述，并对文献进行述评；最后，在已有研究基础上探讨本书的研究价值所在。

第三章：中国三大城市群节能减排效率测算及特征分析。首先，基于 3E 理论与绿色发展理论，构建本书关于中国三大城市群节能减排效率评价的指标体系；其次，运用考虑非期望产出的超效率 SBM 模型分别测算不考虑环境收益与考虑环境收益两种情形下中国三大城市群节能减排效率，以探究节能减排效率评价指标体系的科学构建；最后，深入分析环境收益情形下三大城市群节能减排效率的总体特征及发展阶段特征，揭示三大城市群节能减排效率发展规律。

第四章：中国三大城市群节能减排效率动态特征及潜力分析。首先，通过 GML 指数模型分析三大城市群节能减排效率在时序上的变动趋势，并探究造成这种变动的驱动因素；其次，通过节能潜力测算模型与减排潜力测算模型，对三大城市群节能潜力与减排潜力进行分析，以揭示三大城市群能源损失及污染物过度排放程度；最后，依据节能潜力与减排潜力大小将三大城市群 49 个城市划分为四个区域，依据各区域节能与减排表现，提出三大城市群节能减排实施路径。

第五章：中国三大城市群节能减排效率空间效应及治理分析。首先，通过探索性空间数据分析方法对中国三大城市群节能减排效率的全局空间相关性与局部空间相关性进行分析，以揭示三大城市群节能减排效率的空间集聚特征；其次，通过 LISA 聚类图分析三大城市群节能减排效率在各发展阶段的空间分布格局，探究三大城市群节能减排效率的空间相互作用；最后，依据节能减排效率空间分布格局，提出三大城市群节能减排空间治理模式。

第六章：中国三大城市群节能减排效率影响因素空间计量分析。首先，对空间计量经济模型的估计及检验步骤进行详细阐述，并依据所述步骤选取最优的空间计量经济模型对三大城市群节能减排效率影响因素进行分析；其次，通过空间

杜宾模型重点分析经济发展水平、产业结构调整、能源结构、城市发展水平、对外开放程度、环境规制对三大城市群节能减排效率的影响及空间溢出效应，探究各因素对三大城市群节能减排效率的影响机制；最后，基于上述分析提出三大城市群节能减排效率提升的对策建议。

第七章：结论与展望。通过回顾本书的研究内容，总结凝练研究结论，并归纳研究中存在的不足及未来的研究展望。

## 第三节　研究方法与技术路线

### 一、研究方法

笔者在借鉴国内外相关研究成果的基础上，综合采用数据包络分析、Global Malmquist-Luenberger 指数模型、节能减排潜力测算模型、探索性空间数据分析法、空间计量经济模型等对中国三大城市群节能减排效率及空间治理进行系统且深入的研究。

#### （一）数据包络分析

数据包络分析（DEA）是效率测算领域中最为常用的非参数分析方法，可以有效测算一组具有多个投入与多个产出决策单元之间的相对效率。本书采用考虑非期望产出的超效率 SBM（Slack-based Measure）模型分别对不考虑环境收益与考虑环境收益两种情形下中国三大城市群节能减排效率进行测算，以探究环境收益对三大城市群节能减排效率的重要影响，为合理构建节能减排效率评价指标体系提供科学参考。

#### （二）Global Malmquist-Luenberger 指数模型

Global Malmquist-Luenberger（GML）指数模型可以分析决策单元效率在时间维度上的动态变化趋势，并探求造成这种变化趋势的原因。笔者将采用 GML 指数模型分析中国三大城市群节能减排效率的动态特征，并将其进一步分解为技术效率指数（EC）和技术进步指数（TC）的乘积，探究三大城市群节能减排效率变动的内在驱动因素。

（三）节能减排潜力测算模型

依据现有相关研究，笔者在对中国三大城市群节能减排效率进行测算的基础上，分别从节能视角和减排角度出发，构建节能潜力测算模型与减排潜力测算模型，对中国三大城市群的节能潜力与减排潜力进行分析，以识别三大城市群节能减排的工作重点与关键城市，为明确三大城市群节能减排实施路径提供科学依据。

（四）探索性空间数据分析法

探索性空间数据分析法用来解释与空间位置相关的空间依赖性、空间关联性或空间相关性，其中，进行空间相关性分析是其核心所在。笔者采用其中较为常用的全局莫兰指数和莫兰散点图分别对中国三大城市群节能减排效率的全局空间相关性和局部空间相关性进行分析，以揭示三大城市群节能减排效率的空间集聚特征，并通过 LISA 聚类图分析三大城市群节能减排效率的空间分布格局，为研究三大城市群节能减排空间治理奠定重要基础。

（五）空间计量经济模型

空间计量经济模型主要用来解决回归模型中变量之间存在空间交互作用的情况。笔者在对空间计量经济模型进行统计检验的基础上，最终选取空间杜宾模型分析各因素对中国三大城市群节能减排效率的影响及空间溢出效应，以揭示各因素对三大城市群节能减排效率的影响机制，为制定提升三大城市群节能减排效率的关键策略提供科学参考。

## 二、技术路线

本书的技术路线如图 1-1 所示。

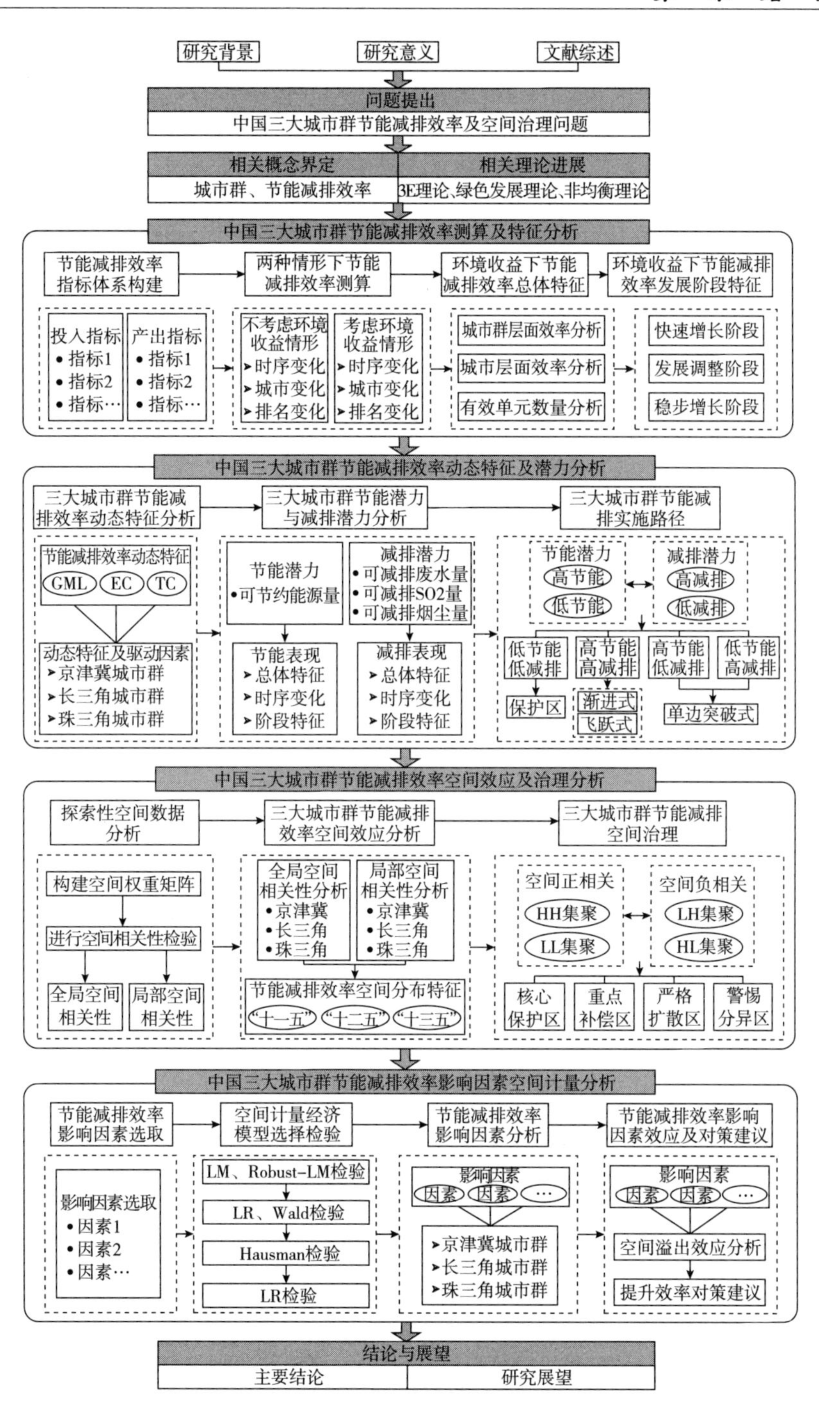
研究背景
研究意义
文献综述
问题提出
中国三大城市群节能减排效率及空间治理问题
相关概念界定
相关理论进展
城市群、节能减排效率
3E理论、绿色发展理论、非均衡理论
中国三大城市群节能减排效率测算及特征分析
节能减排效率指标体系构建
两种情形下节能减排效率测算
环境收益下节能减排效率总体特征
环境收益下节能减排效率发展阶段特征
投入指标
• 指标1
• 指标2
• 指标…
产出指标
• 指标1
• 指标2
• 指标…
不考虑环境收益情形
➤时序变化
➤城市变化
➤排名变化
考虑环境收益情形
➤时序变化
➤城市变化
➤排名变化
城市群层面效率分析
城市层面效率分析
有效单元数量分析
快速增长阶段
发展调整阶段
稳步增长阶段
中国三大城市群节能减排效率动态特征及潜力分析
三大城市群节能减排效率动态特征分析
三大城市群节能潜力与减排潜力分析
三大城市群节能减排实施路径
节能减排效率动态特征
GML
EC
TC
动态特征及驱动因素
➤京津冀城市群
➤长三角城市群
➤珠三角城市群
节能潜力
•可节约能源量
减排潜力
•可减排废水量
•可减排SO2量
•可减排烟尘量
节能表现
➤总体特征
➤时序变化
➤阶段特征
减排表现
➤总体特征
➤时序变化
➤阶段特征
节能潜力
高节能
低节能
减排潜力
高减排
低减排
低节能低减排
高节能高减排
高节能低减排
低节能高减排
保护区
渐进式
飞跃式
单边突破式
中国三大城市群节能减排效率空间效应及治理分析
探索性空间数据分析
三大城市群节能减排效率空间效应分析
三大城市群节能减排空间治理
构建空间权重矩阵
进行空间相关性检验
全局空间相关性
局部空间相关性
全局空间相关性分析
•京津冀
•长三角
•珠三角
局部空间相关性分析
•京津冀
•长三角
•珠三角
节能减排效率空间分布特征
"十一五"
"十二五"
"十三五"
空间正相关
HH集聚
LL集聚
空间负相关
LH集聚
HL集聚
核心保护区
重点补偿区
严格扩散区
警惕分异区
中国三大城市群节能减排效率影响因素空间计量分析
节能减排效率影响因素选取
空间计量经济模型选择检验
节能减排效率影响因素分析
节能减排效率影响因素效应及对策建议
影响因素选取
•因素1
•因素2
•因素…
LM、Robust-LM检验
LR、Wald检验
Hausman检验
LR检验
影响因素
因素
因素
…
➤京津冀城市群
➤长三角城市群
➤珠三角城市群
影响因素
因素
因素
…
空间溢出效应分析
提升效率对策建议
结论与展望
主要结论
研究展望

**图 1-1 技术路线**

## 第四节 创新之处

本书的创新之处主要体现在以下三个方面:

第一，测算了中国三大城市群节能减排效率与节能减排潜力，明确了三大城市群节能减排实施路径。现有研究主要从节能或减排两个角度对节能减排效率进行测算，忽视了绿色发展视角下环境收益对节能减排效率的影响。因此，笔者基于 3E 理论与绿色发展理论，构建了考虑环境收益的节能减排效率评价指标体系，测算了中国三大城市群节能减排效率，揭示了三大城市群节能减排效率水平及发展规律。在此基础上，通过构建节能潜力与减排潜力测算模型，定量表征了三大城市群节能潜力与减排潜力，并针对三大城市群节能潜力与减排潜力特征，明确了三大城市群节能减排实施路径。

第二，剖析了中国三大城市群节能减排效率的空间效应，提出了三大城市群节能减排空间治理模式。现有关于节能减排效率空间效应的研究成果主要集中于能源效率或环境效率的空间相关性分析层面，鲜少有文献从空间治理角度出发，研究节能减排效率提升的空间治理问题。因此，笔者采用探索性空间数据分析方法，全面剖析了中国三大城市群节能减排效率的空间效应，在此基础上通过 LISA 聚类图进一步研究了三大城市群节能减排效率的空间分布特征，提出了三大城市群节能减排空间治理模式。

第三，探究了中国三大城市群节能减排效率影响因素及空间溢出效应，从五个方面有针对性地提出了提升三大城市群节能减排效率的对策建议。现有关于节能减排效率影响因素的文献，学者们多采用传统计量方法进行研究，没有深入考虑各因素间的空间交互作用。因此，笔者基于空间计量经济模型，选取经济发展水平、产业结构调整、能源结构、城市发展水平、对外开放程度、环境规制为解释变量，深入探究了六大因素对三大城市群节能减排效率的影响及空间溢出效应，并从调整产业结构、控制外商准入门槛、探索经济转型模式、推动城镇化高质量发展、调整能源结构五个方面有针对性地提出了提升三大城市群节能减排效率的对策建议。

# 第二章　相关理论与文献综述

本章将围绕研究问题，对相关核心概念、理论基础及研究文献进行总结梳理，以掌握概念与理论的内涵及外延，全面把握节能减排效率的研究脉络。首先，对城市群概念及其发展、节能减排效率内涵进行详细阐述，以深入了解学术界关于节能减排效率界定的差异性，为本书后续更准确地界定研究对象奠定基础。其次，系统梳理和总结本书研究所涉及的相关重点理论，为后续研究提供关键的理论支撑。最后，从节能减排效率测算、节能减排效率评价、节能减排效率影响因素三个方面对现有研究成果进行总结评述，以为本书后续研究提供参考借鉴。

## 第一节　概念界定与内涵

### 一、城市群概念及发展

通过文献梳理发现，城市群的概念最早可以追溯到19世纪末霍华德在《明日的田园城市》中提出的“城市组群”（Town Cluster），即由一系列田园城市构成，各城市之间通过快速的铁路系统相连接[8]。虽然书中所提到的“田园组群”

并非现代意义的城市群概念，但是该概念的提出为现代城市规划及城市群发展提供了重要的启蒙作用，具有开创性的意义。现代城市群概念的雏形来源于1915年英国生态学家格德斯在《进化的城市》一书中提出的“集合城市”（Conurbation）概念，格德斯认为“集合城市”是城市影响范围在空间上相互重叠的新型区域空间格局[9]。1957年，法国地理学家戈特曼将“集合城市”的概念延伸至现代城市群，提出“大都市带”（Megalopolis）。在他的研究中，“大都市带”被用来定义美国东北海沿岸地区形成的以纽约为中心、从波士顿到华盛顿之间的城市群空间聚合现象[10]。戈特曼在研究中发现，一个城市在发展过程中会带动周围城市的发展，而这些规模相当的城市组成城市群，最终多个城市群形成“大都市带”，即现代意义上的城市群概念。

戈特曼关于“大都市带”的研究推动了世界范围内有关城市群研究的热潮，国内学者对城市群的研究起源于20世纪80年代。丁洪俊和宁越敏于1983年将戈特曼“大都市带”的概念翻译成“巨大都市带”，并将这一概念引入中国[11]。从此中国学术界展开了对城市群的相关研究，学者们先后提出了20多个与城市群相关的概念[12]。其中具有代表性的概念包括“都市区”“都市连绵区”“都市圈”“城市群”，笔者将重点对这些概念进行系统阐述。

1989年，周一星借鉴西方都市区的概念，提出具有中国特色的城市功能地域统计概念，即“城市经济统计区”[13]。2000年，胡序威等在《中国沿海城镇密集地区空间集聚与扩散研究》一书中从非农村人口总量及非农业就业等方面对“都市区”进行了界定[14]。在前人研究的基础上，易承志提出“都市区”是指由核心城市及其与之存在经济、社会、空间等紧密联系的邻近地域所组成的区域[15]。“都市连绵区”的概念由周一星于1991年提出，即以一个或多个大城市为核心，沿一条或多条交通走廊连绵分布而形成的巨型城乡一体化区域。“都市圈”的概念由周起业等学者于1989年在《区域经济学》中提出，指以大城市为依托，包括周围地区发展形成的中小城市，所形成的联系紧密的经济网络[16]。随后，沈立人将“都市圈”定义为以大都市为核心，超越原来边界而延伸到邻近地区，不断强化各地区间的经济联系，最后形成有机结合甚至一体化的大区域[17]。

在上述概念逐渐发展成熟的基础上，学者们相继提出“城市群”的概念。但是不同学者对城市群的界定存在一定的差异性，笔者主要梳理了其中具有代表性意义的概念界定。姚士谋等认为城市群是特定地域范围内具有相当数量的不同性质、类型和等级规模的城市，依托一定的自然环境条件，以一个或两个超大或特大城市作为地区经济的核心，借助于现代化的交通工具和综合运输网的通达性，以及高度发达的信息网络，发生与发展着城市个体之间的内在联系，共同构成一个相对完整的城市“集合体”[18]。肖金成等认为城市群是特定区域范围内云集相当数量的不同性质、类型和等级规模的城市，以一个或是几个特大城市为中心，依托一定的自然环境和交通条件，城市之间的内在联系不断加强，共同构成一个相对完整的“城市集合体”[19]。方创琳则认为城市群是在特定地域范围内，以 1 个以上特大城市为核心，由至少 3 个以上大城市（或都市圈）为构成单元，依托发达的交通通信等基础设施网络，所形成的空间组织紧凑、经济联系紧密并最终实现高度同城化和高度一体化的城市群体[5]。

综上可以看出，城市群的概念由“都市区”“都市连绵区”“都市圈”逐渐发展演变而成，其概念界定日趋成熟与完善。本书根据方创琳界定的城市群概念，通过梳理相关城市群研究文献及国家关于城市群培育建设的政策文件，发现目前学术界及政府提及的城市群主要包括以下 19 个：京津冀城市群、长三角城市群、珠三角城市群、山东半岛城市群、辽宁中部城市群、长江中游城市群、中原城市群、成渝城市群、关中平原城市群、海峡西岸城市群、哈长城市群、辽中南城市群、呼包鄂榆城市群、宁夏沿黄城市群、兰西城市群、山西中部城市群、黔中城市群、滇中城市群、北部湾城市群。这些城市群大部分尚处于发展初级阶段，相关研究成果并不多，而且在严格意义上并不完全满足“城市群”的概念界定。其中京津冀、长三角、珠三角城市群是我国发展较成熟的三大城市群，同时也是中国较具代表性的城市群，具有较大的发展潜力及国际竞争优势。因此，笔者选取京津冀、长三角、珠三角城市群为研究对象。

2015 年 4 月 30 日，中共中央政治局召开会议，审议通过《京津冀协同发展规划纲要》，提出京津冀城市群规划范围包括北京、天津 2 个直辖市以及河北省

的 11 个地级市，在空间上形成“11+2”的城市群格局。京津冀城市群属京畿重地，濒临渤海，背靠太岳，携揽“三北”，在国家发展中具有重要的战略地位。2019 年 5 月 13 日，中共中央政治局会议审议了《长江三角洲区域一体化发展规划纲要》，提出长三角城市群规划范围包括上海市、江苏省、浙江省及安徽省各市共计 27 个城市。长三角地区是中国经济最发达、创新最活跃、城市化程度最高的经济区，是中国经济增长的重要引擎。2019 年 2 月 18 日，中共中央、国务院印发《粤港澳大湾区发展规划纲要》，指出粤港澳大湾区包括香港特别行政区、澳门特别行政区和珠三角 9 市。珠三角城市群是我国开放程度较高、经济活力较强的区域之一，在国家发展大局中具有重要战略地位。根据上述城市群发展规划，笔者关于京津冀、长三角、珠三角城市群研究所涵盖的城市范围如表 2-1 所示。

**表 2-1　中国三大城市群范围**

| 城市群 | 涵盖城市 |
|---|---|
| 京津冀城市群 | 北京市、天津市、保定市、廊坊市、唐山市、张家口市、承德市、秦皇岛市、沧州市、衡水市、邢台市、邯郸市、石家庄市 |
| 长三角城市群 | 上海市、南京市、无锡市、常州市、苏州市、南通市、扬州市、镇江市、盐城市、泰州市、杭州市、宁波市、温州市、湖州市、嘉兴市、绍兴市、金华市、舟山市、台州市、合肥市、芜湖市、马鞍山市、铜陵市、安庆市、滁州市、池州市、宣城市 |
| 珠三角城市群 | 广州市、深圳市、珠海市、佛山市、惠州市、东莞市、中山市、江门市、肇庆市 |

资料来源：《京津冀协同发展规划纲要》《长江三角洲区域一体化发展规划纲要》《粤港澳大湾区发展规划纲要》。

## 二、节能减排效率

目前，学术界关于节能减排效率的概念尚未形成统一的认识。在现有研究中，与节能减排效率相近的概念主要包含“能源效率”“环境效率”“生态效率”，这些概念本质上都体现了能源与环境的可持续发展。在进行节能减排效率研究之前，对这些相近概念进行辨析对于准确掌握节能减排实质、了解节能减排内涵具有重要意义。

经济学关于“效率”的解释，主要指帕累托效率，反映了在一定投入要素条件下实现的最佳产出，或者是给定产出水平下投入最小化的能力，以及在一定要素价格下实现投入或产出最优组合的能力[20]。基于此概念，学者们逐渐展开对能源效率的相关研究。早期关于能源效率的研究，学者们多是在单要素框架下进行，研究单个投入要素对经济产出的影响，具体通过能源强度或能源生产率对能源效率进行表征[21-23]。能源强度（单位 GDP 能耗），指一定时间内一个国家或地区单位产值的能源消费量，通过能源投入与经济产出之比进行衡量，反映了经济发展对能源的依赖程度。能源生产率与能源强度互为倒数，衡量的是经济产出与能源投入的比值。单要素能源效率测算最大的缺陷在于仅仅考虑了一种投入要素（能源）与产出要素（经济产出）之间的关系，没有考虑生产过程中其他要素的影响，不能反映不同要素之间的替代效应，如果投入要素发生变化或是不同能源要素之间相互替换，都会影响效率值的大小。单要素框架下的能源效率测算难以反映能源效率的综合水平及其变化情况[24]。鉴于此，学者们逐渐开始在全要素分析框架下对能源效率进行研究，全要素框架下能源效率的理论研究源于全要素生产率概念。全要素生产率是基于新古典经济学理论与内生经济增长理论产生的，与单要素不同，全要素衡量了生产过程中总产量与全部生产要素的投入产出比，综合考虑了劳动力、资本、能源等多种投入要素。随着随机前沿分析方法、DEA 模型及扩展模型的广泛应用与不断发展，学术界在全要素分析框架下对能源效率进行了广泛且深入的研究。Hu 和 Wang 于 2006 年使用 DEA 模型构建了全要素能源效率研究框架，将资本、劳动力、能源消费作为投入指标对中国 29 个省份的能源效率进行了研究[25]。这一研究为今后全要素框架下能源效率研究奠定了重要基础，此后众多学者基于不同的投入产出指标，对全要素能源效率进行了深入的研究[26-31]。通过文献梳理发现，早期关于全要素能源效率的相关研究主要是在单要素能源效率研究框架的基础上，重点考虑了与能源相关的投入要素，主要包括劳动力与资本，而产出指标多指经济产出。

随着经济社会的不断进步和人们生活水平的不断提高，环境保护与资源节约被提升到重要的战略地位，不管是学术界还是国家层面都将能源消耗与环境污染

程度视为衡量经济发展质量的重要指标。鉴于此，学者们逐渐将资源环境因素纳入传统能源效率评价体系中，从而引起学术界关于“环境效率”（也有部分学者将其称为“能源环境效率”）的研究浪潮[32-36]。关于环境效率的定义主要有以下两种：一是环境效率是指单位环境负荷下所创造的经济价值，也即环境效率等于增加的产品或服务价值与增加的环境负荷的比值；二是环境效率是指在一定时期内，生产者利用各种要素开展生产活动产生的环境影响[37]。按照其定义，环境效率的测算方法也有两种：一种是不考虑投入效率，用经济增加值与环境影响的比值表示，类似于上述单要素框架下能源效率的测算；另一种是通过投入产出比进行表示，类似于上述全要素框架下能源效率的测算，这种意义上的环境效率受到学者们的广泛应用与推广。本书的后续研究主要依据第二种定义，对环境效率内涵进行梳理。通过文献梳理发现，基于投入产出比测算的环境效率，投入指标大多数也是资本、劳动力、能源消费，与上述全要素框架下能源效率测算指标类似，但是环境效率的测算综合考虑了各类型环境污染物排放。从这个意义上来说，环境效率是基于全要素框架下能源效率发展起来的，本质上即考虑非期望产出的全要素能源效率。不同的是，上文所述的全要素框架下有关能源效率研究重点考察的是与能源相关的多种投入要素，而有关环境效率研究则是将环境因素作为“非期望产出”纳入评价指标体系。但是在非期望产出指标的具体选取中，因研究阶段、研究对象及研究内容的不同呈现出较大的差异性[38-41]。

与环境效率相近的概念还有“生态效率”，学术界关于“生态效率”的界定并未形成统一的认识。“生态效率”由 Schaltegger 等在 1990 年提出，并将其定义为环境资源投入与经济活动产出的比例，作为衡量经济与环境协调发展程度的指标[42]。随后，世界可持续发展工商理事会（WBCSD）将生态效率界定为：通过提供能满足人类需要和提高生活质量的竞争性定价商品和服务，同时使整个寿命周期的生态影响与资源强度逐渐减低到一个至少与地球的估计承载能力一致的水平上[43]。1998 年，经济合作与发展组织（OECD）拓展了生态效率内涵，认为其是一个投入产出的过程，以较少的生态环境代价获取较大的经济价值[44]。随着学术界对生态效率研究的不断深入，学者们从不同角度对生态效率进行了界定。例如，杨凯等将生态效率定义为附加值最大化、资源投入与环境污染最小化的投入产出过程[45]；黄建欢等认为生态效率是指受生态资源约束的投入产出率，是一个区域在满足环境污染产出最小的前提下，投入较少的环境资源，获得较高经济价值的能力[46]。龙亮军认为生态效率的本质内涵是生态投入在一定情况下使得经济产出最大化[47]。综上可以看出，尽管学术界对生态效率并没有形成统一的界定，但其本质思想是一致的，即生态效率是指通过相关资源环境投入（如能源、土地资源、水资源等）以较少的环境代价来获得较大的经济产出效率。在这个意义上，生态效率与环境效率的概念具有一定的相似性，其目的都是通过相关投入要素最终实现经济产出的最大化和环境污染的最小化。不管是环境效率还是生态效率，二者在具体测算中，考虑的产出要素均是经济产出和非期望产出。与环境效率不同的是，生态效率在环境效率研究的基础上，重点对投入要素进行了拓展。环境效率的投入要素考虑的主要是与能源消费相关的投入，包括能源、资本、劳动力，而生态效率在环境效率研究的基础上，将相关生态投入要素纳入评价体系，如土地资源、水资源等。

在能源效率、环境效率、生态效率研究的基础上，学者们逐渐将研究视角延伸至节能减排效率领域。20 世纪 70 年代爆发的石油危机，使人们日渐意识到节约能源、保护环境的重要性，节能减排被提升到前所未有的高度。20 世纪 80 年代以来，随着资源开采利用、环境污染治理与可持续发展等研究的日益加深，推动了学术界关于节能减排的广泛研究[48]。在国内，“节能减排”一词在 1998 年开始施行的《中华人民共和国节约能源法》中提出。2006 年，国家“十一五”规划中正式制定了节能减排的具体约束性目标。此后，“节能减排”一词就成为政府政策文件及工作报告中出现的高频词汇。根据《中华人民共和国节约能源法》，节能减排的定义为：从能源生产到消费的各个环节，降低消耗、减少损失和污染物排放、制止浪费，有效、合理地利用能源。资源的高效和循环利用是节能减排的核心目标。根据“十一五”规划中的概念界定，广义上的节能减排指的是在提高资源利用率的同时减少污染物排放，而狭义上的节能减排指的是在提高特定资源利用率的同时减少特定污染物的排放[49]。

关于节能减排效率的内涵，学者们多从节能与减排两个角度去定义，节能就是节约能源，即在保持生产活动总产出不变的情况下，通过相关技术创新或结构创新，利用较少的资源消耗，提升能源的利用率；减排则意味着对生产过程中污染物排放的控制，通过相关技术水平及管理创新，减少污染物排放[50]。张吉岗和杨红娟则更加直观地指出节能减排效率既要体现节能，又要体现减排，即在能源消耗不变的情况下，产出的 GDP 越多越好，而污染物排放量越少越好[51]。由此可见，学者们多从节能或减排角度对节能减排效率进行研究，相关研究成果主要集中于能源效率或环境效率研究领域[52-54]。也有部分学者认为生态效率可从资源消耗与环境影响两方面综合反映城市的节能减排水平，将生态效率作为衡量可持续发展的重要指标[55,56]。

通过上述分析可以看出，节能减排效率定义的节能与减排两个角度本质上对应的就是能源效率与环境效率，即在追求经济收益的同时，实现能源效率与环境效率的最大化。从这个意义来看，节能减排效率体现了“源头控制、末端治理”的发展理念，从源头上严格控制能源消费总量，以提升能源效率为主要目标。在末端上积极引导企业进行相关技术、管理创新，实现污染物减排，从而提升环境效率水平。但近几年随着生态文明的建设发展、资源能源消耗的有效控制、生态环境治理力度的加大，节能减排工作取得了显著的环境成效，如建成区绿化覆盖率不断上升、空气质量明显改善、污染物治理能力得到显著提升等。鉴于此，本书认为节能减排除了要遵循“源头控制、末端治理”的理念外，更要注重节能减排的“过程管理”，对节能减排发展过程中取得的环境建设或环境收益给予更多的关注。因此，笔者从绿色发展视角出发，综合考虑节能与减排两方面，将节能减排效率定义为：某地区在一定时期内通过相关的能源投入，以较少的环境污染代价实现较大的经济效益和环境效益，也即通过消耗较少的能源，获取较高的经济产出和环境收益，同时使得环境污染物的排放最少。为了更好地厘清能源效率、环境效率、生态效率、节能减排效率之间的区别与联系，笔者构建了节能减排效率概念模型，如图 2-1 所示。

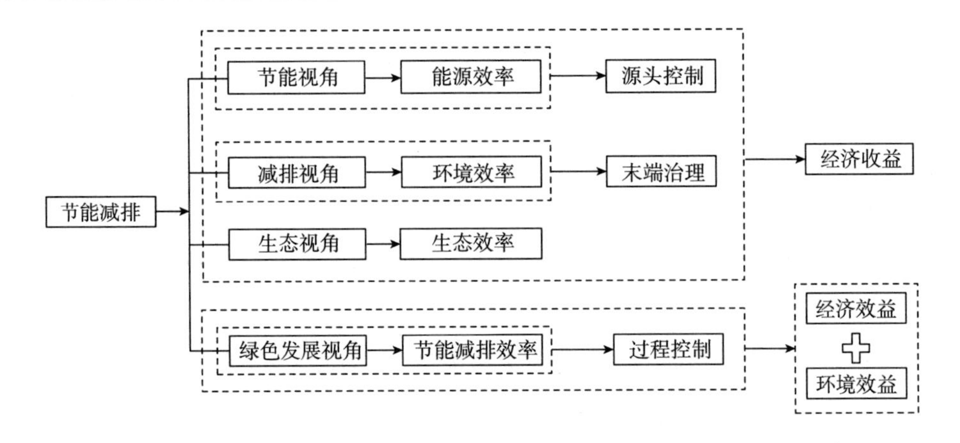


**图 2-1　节能减排效率概念模型**

资料来源：笔者整理绘制而成。

在不同的研究视角下，上述节能减排效率相关概念所考虑指标的侧重点有所不同。其中，节能视角下能源效率研究重点考察的是能源投入指标，减排视角下环境效率研究重点考察的是各类环境污染物排放量，而生态视角下生态效率研究重点考察的是生态投入指标。可以看出，随着研究的不断深入，学者们考虑的指标逐渐全面化。但是关于期望产出指标，多数研究均只考虑单一的经济收益，未考虑环境收益对节能减排效率的影响。因此，笔者在已有研究的基础上，从绿色发展视角出发，将环境收益纳入指标体系，综合考虑了节能减排效率的经济收益与环境收益两方面。

## 第二节　理论基础及进展

从上述节能减排效率定义可以看出，节能减排效率本质上就是以较少的能源投入，获取较高的经济收益和环境收益，同时尽可能地减少环境污染物排放量。可见，节能减排效率最终要实现的是“能源—经济—环境”（3E）系统之间的协

调与可持续发展。面对日益突出的环境问题，节能减排除了要遵循“源头控制、末端治理”的发展理念外，更要重视节能减排的“过程管理”，积极践行绿色发展理念，推进节能减排效率的高效发展。鉴于此，本节将对3E理论和绿色发展理论进行系统阐述，从而构建本书关于节能减排效率研究的理论分析框架。

### 一、能源—经济—环境理论

“能源—经济—环境”3E理论的研究源于学者们对能源问题的探讨。能源作为人类生存和国家经济社会发展的重要物质基础和战略资源，一直以来都是各国政府及学术界关注的焦点。直至今日，我国使用的能源仍有一大部分来源于化石能源，这部分能源是不可再生的，并且化石能源的大量消耗会加重对环境的污染。为应对能源过度开发所造成的生态环境问题，如何有效使用能源，在保证经济发展的同时实现环境的不断改善，成为学术界的重要议题。20世纪70年代爆发的石油危机及罗马俱乐部出版的《增长的极限》，引发了学者们对经济发展模式的深入思考，能源和环境在经济增长中的重要作用得到了经济学家们的充分重视[57]。基于此，各国经济学家开始利用经济学理论对能源问题及环境问题进行系统研究，逐渐形成了“能源—经济”“环境—经济”二元系统研究的理论体系。20世纪80年代以后，随着可持续发展理论的不断完善和发展，学者们认识到只有将能源、经济、环境三者纳入一个完整的分析框架中，才能更加深入地了解三者的相互联系及作用机理。此后，国际社会展开广泛合作并开始着手构建“能源—经济—环境”三元系统的研究框架，展开对3E理论的系统研究。我国对3E理论的研究始于1984~1989年由国家开展的“广义能源效率战略工程”项目。

3E理论观点源于系统论，主要研究内容是探寻社会发展过程中能源、环境、经济三个子系统之间综合协调平衡发展路径，改进优化三个子系统之间交互作用测度的模型方法[58]。3E理论的重点研究问题及目标是如何合理有效地开发使用能源，即在保证经济增长的同时实现环境质量的改善，最终达到能源、经济、环境三个子系统间的平衡发展。经过多年的发展，3E系统理论已经成为学术界研究能源环境问题的重要理论基础和各国科学制定能源战略决策的重要依据。

从上文关于节能减排效率的定义可以看出，节能减排效率本质上就是追求能源效率与环境效率的最大化，体现了在合理有效使用能源的基础上，实现经济效益最大化和环境污染最小化的基本思想，是实现3E理论核心内涵的最好体现。

## 二、绿色发展理论

绿色发展理论的形成来源于经济发展与生态环境发展之间的不平衡问题。经济的快速增长带来一系列严峻的生态环境问题，如资源短缺、环境污染、生态恶化等。20世纪60年代，面对越来越严重的生态环境问题，欧美等发达国家民众自发组织发起“绿色运动”，随后更是成立相关环保组织，提出“环保至上”的口号[59]。此后，《联合国发展十年》中提到要关注经济发展带来的生态环境问题。1987年，由布伦特兰夫人领导的世界环境和发展委员会出版《我们共同的未来》报告，提出“可持续发展”理念，并将其定义为“满足当代人需求的前提下，对后代人满足自身需要不构成危害的、科学的、持续的发展”[60]。1989年，大卫·皮尔斯在《绿色经济的蓝图》中首次提出“绿色经济”一词[61]。2002年，联合国开发计划署公布的《2002年中国人类发展报告：让绿色发展成为一种选择》中，首次提出“绿色发展”理念。2008年10月，联合国环境规划署提出发展“绿色经济”的倡议，并于2011年发布《绿色经济报告》，提出绿色经济是全球经济增长的新引擎。这期间，学术界相继提出了“绿色增长”“循环经济”“低碳经济”等一系列与绿色发展理论相关的概念和理论。

中国绿色发展理念一直根植于中国的传统文化，中国“天人合一”的思想源远流长。此外，中国相关政府规划及政策制定也充分体现了绿色发展理念。2005年，习近平同志在浙江湖州安吉考察时，首次提出“绿水青山就是金山银山”。在“十一五”与“十二五”规划中，国家提出要严格控制污染物排放量、降低能源消耗强度、降低$CO_2$排放量等约束性目标，均体现了绿色发展

观。2015 年，习近平总书记在党的十八届五中全会中首次提出“创新、协调、绿色、开放、共享”五大发展理念，绿色发展被首次正式提出。2017 年，习近平同志在“一带一路”国际合作高峰论坛中提出“一带一路”绿色发展国际联盟。

在各国政府及学者的广泛推动下，绿色发展逐渐形成丰富的理论内涵和研究实践。关于绿色发展理论的内涵，不同的学者从不同的角度对其进行界定。Crush 认为绿色发展就是在可持续发展的基础上，重点考虑环境因素对人类社会发展的影响[62]；冯之浚和周荣认为推动绿色发展的关键在于全力发展低碳经济，推动节能减排、清洁生产、绿色消费等生产消费模式[63]；Loiseau 等认为绿色发展要实现环境、经济、社会三者之间的协调发展[64]；史丹提出绿色发展就是人与自然和谐共存、可持续的发展模式[59]。王玲玲和张艳国认为绿色发展是在生态环境容量和资源承载能力的制约下，通过保护生态环境最终实现可持续发展的新型发展模式[65]。胡鞍钢和周绍杰认为绿色发展追求的是经济系统、自然系统和社会系统之间的共生性[66]。任平和刘经伟从高质量发展视角出发，认为高质量绿色发展不仅要发展经济，更要兼顾生态环境与社会治理，实现多领域的融合发展，最终实现人与自然和谐共生的新格局[67]。

综上可以看出，学者们从不同角度对绿色发展理论进行了详细的阐述，绿色发展理论强调实现以人为中心的经济社会与自然环境之间的可持续发展。基于绿色发展理论和节能减排的实际过程，笔者认为节能减排的绿色发展理念主要体现在环境建设领域：一方面要重视环境治理，如加强环境污染物治理、控制生活污染源、加强雾霾治理等；另一方面更要重视“发展理念”，积极推进环境领域的发展与建设，如提升城市绿化覆盖率、森林覆盖率等。因此，笔者基于 3E 理论和绿色发展理论，从能源系统、经济系统、环境系统出发，构建了中国三大城市群关于节能减排效率研究的理论分析框架，如图 2-2 所示。

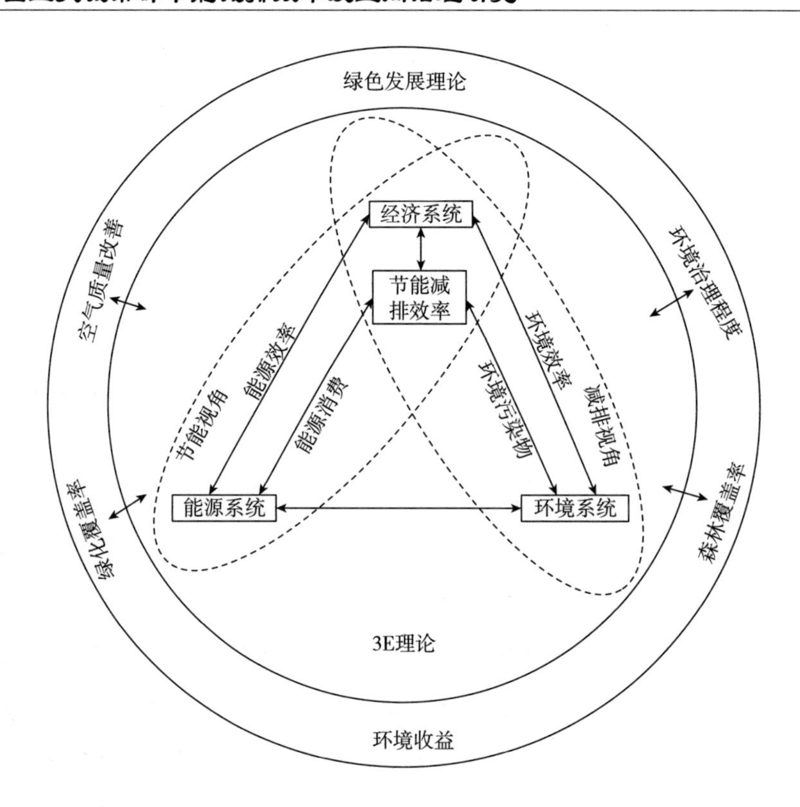


**图 2-2　节能减排效率研究理论分析框架**

资料来源：笔者整理绘制而成。

## 三、非均衡发展理论

均衡与非均衡、协调与不协调，是两个相互矛盾、相互对立却又彼此紧密联系、辩证统一的科学命题，这两方面分别形成了区域经济学与发展经济学中均衡发展、非均衡发展、协调发展的三大理论流派[68]。新古典区域经济均衡发展理论认为：区域经济发展在市场机制作用下通过区域内部资本的积累和区域之间生产要素的流动，最终会趋于均衡发展。区域均衡理论有两个重要的假设条件，即区域之间的生产要素是完全自由流动的，并且所有区域都是同质的。但事实上，区域经济具有明显的开放性，区域经济主体之间的相关作用或经济活动不可避免地会存在各种障碍，很难实现要素的完全自由流动。不同区域由于自然禀赋或地理位置的不同，同质性的区域假设也很难满足[69]。此外，区域均衡理论忽略了空间配置问题。这些不足推动了区域非均衡理论的发展。

20 世纪 20 年代，西方一些发达国家逐渐出现经济结构性衰退的现象，区域经济发展之间的不平衡问题逐渐突出。在这一背景下，学者们相继提出了一系列区域经济非均衡发展理论，其核心认为应从资源稀缺角度出发，集中稀缺资源优先发展具有优势的区域，然后再带动和促进整个区域经济的发展。其中具有代表性的理论包括增长极理论、循环累积因果理论、极化涓滴效应理论、核心—边缘理论、梯度推移理论和点轴发展理论等。结合本书研究实际，本节将重点阐述增长极理论、循环累积因果理论与极化涓滴效应理论。

增长极理论由法国经济学家佩鲁于 1950 年提出，他认为增长并非出现在所有地方，而是首先出现在一个增长点或增长极上，然后向其他区域进行扩散，最终对整个经济产生不同的影响[70]。在增长极理论研究的基础上，学者们逐渐提出新的理论。例如，缪尔达尔于 1957 年提出了循环累积因果理论，解释了发达国家在经济发展中存在的“二元经济”现象[71]。他认为经济发展一旦从条件较好的地方开始，由于获得了增长过程中的初始优势，那么这种优势将会持续累积加速增长，并产生回流效应和扩散效应。回流效应指的是欠发达地区的资本、劳动、技术等要素向发达地区流动，而扩散效应指的是发达地区经济发展到一定水平后，发达地区的资本、劳动、技术等要素会向欠发达地区进行扩散，并且回流效应总是大于扩散效应。赫希曼于 1958 年在《经济发展战略》一书中提到，经济发展一旦在某一点出现，那么强大的经济增长力将在最初出现经济发展的地方形成空间上的集中，并提出极化涓滴效应理论[72]。赫希曼的极化效应和涓滴效应分别对应于缪尔达尔的回流效应和扩散效应。

随着新经济地理学的不断发展，学者们逐渐开始对空间计量经济学进行研究。增长极理论与极化涓滴效应理论为空间相关性及空间溢出效应的提出奠定了重要的理论基础，而空间计量经济学的发展与广泛应用为空间效应的定量研究提供了有力的保障，使其不再停留在理论研究层面。空间计量经济学主要研究具有地理属性的空间系统变量间的相互影响，主要考察变量的空间效应。空间效应包含空间异质性和空间相关性两方面。空间异质性指由于空间位置的不同而导致观测结果存在差异性。空间相关性指所观察区域的事物观测数据由于地理位置的邻近而存在相同的空间分布规律。Anselin 认为一般情况下空间数据均存在相关性，一个地区的发展同时受到本地和邻近地区溢出效应的影响。空间溢出效应存在正向空间溢出效应和负向空间溢出效应[73]。具有正向（或负向）并外溢效应大的地区会形成良性（或恶性）的"因果循环累积效应"，不仅能够促进（或抑制）本地区的发展，而且可以依靠这种正外部性（或负外部性）造成空间溢出效应，促使（或抑制）周围地区的发展。如果地区的外部性不明显、溢出效应不大，则变量只会对本地区产生影响，而不能带动其他地区的发展，区域之间的空间关联性相对较弱。

基于上述理论，笔者将对中国三大城市群节能减排效率的空间相关性进行分析，以探究三大城市群节能减排效率的空间分布特征，发现各城市群促进节能减排效率提升的区域增长极。在此基础上，通过空间计量经济模型探讨各因素对三大城市群节能减排效率的影响及空间溢出效应。

## 第三节　文献综述

国内外学者从不同角度出发，采用不同的研究方法，对不同层面的节能减排效率及相关问题进行了深入的研究。结合本书的研究内容，本节将从节能减排效率测算、节能减排效率评价、节能减排效率影响因素三方面对相关研究进行系统深入的综述，以充分掌握该领域的研究进展，发现值得深入探讨的研究问题。

### 一、节能减排效率测算

结合本书的研究实际，本部分主要从节能减排效率测算的研究方法和指标体系构建两方面对现有相关研究进行综述。

（一）研究方法

有关节能减排效率测算的主流方法主要有随机前沿分析（Stochastic Frontier Analysis，SFA）和数据包络分析（Data Envelopment Analysis，DEA）两类[74-77]。例如，史丹等、赵金楼等应用SFA方法对中国各省份全要素能源效率进行测算，发现各省份能源效率存在显著差异，差别化的政策设计有利于缩小区域间的差异[77,78]；汪克亮等基于方向性距离函数与共同前沿分析方法对中国省域层面的生态效率及节能减排技术水平的差异性进行研究，发现东部省份的生态效率与节能减排技术水平高于中西部地区[79]；Yang等通过DEA方法分析了中国30个省份的生态能源效率，在此基础上，从能源消费与污染物减排视角出发，对区域节能减排潜力进行研究，发现各省份及区域间节能减排潜力存在显著差异[80]；王艳和苏怡、Guo等通过DEA模型，采用省际面板数据研究了中国各省份节能减排效率，发现我国节能减排效率整体处于较低水平，呈现明显的区域差异，东部省份的节能减排效率水平高于中西部地区[49,81]。此外，系统动力学、网络分析、协同度评价等方法也被逐渐运用于区域节能减排绩效评价领域。例如，李启庚等通过构建资源型地区工业产业能源消费和污染物排放的系统动力学模型，分析了山西省各类环境规制政策的节能减排效果[82]；张国兴等运用社会网络分析方法研究了各发展阶段节能减排政策发布部门之间的合作关系，从政策角度对节能减排效果进行评估[83]；吴卫红等通过构建协同发展评价模型，分析了我国六大高能耗产业在技术创新、节能效率及减排效率之间的协同度[84]。

通过文献梳理发现，诸多方法被广泛应用于节能减排效率评价领域。但是SFA方法和DEA方法是应用较为广泛的两种方法，这两种方法在效率评价中的侧重点有所不同。与DEA方法相比，SFA方法在效率评价中可以剔除计算过程中无关因素对结果的影响，但是SFA方法需要预先设定好参数值，并且只适合评价具有单一产出的情况。随着能源环境问题的日益复杂，需要考虑的因素日益增多，尤其是当需要区分期望产出和非期望产出时，SFA方法便不再适用。因此，学者们更倾向采用可以有效处理多投入多产出，并可以区分期望产出和非期望产出的非参数方法对节能减排效率进行评价。作为非参数方法的代表，DEA方法在相对效率评价研究中具有绝对优势，并且该方法拥有多个经典模型及各种拓展模型，被广泛运用于各种效率评价领域[33,85-87]。鉴于此，笔者同样采用 DEA 方法对中国三大城市群节能减排效率进行测算。

（二）指标体系

节能减排效率评价指标体系因研究对象的不同存在较大差异。节能减排的本质是尽可能地实现能源消耗的减少和污染物排放的降低，故学术界关于节能减排效率的相关研究主要从节能或减排视角进行，研究成果多集中在能源效率[25,26,88]或环境效率研究层面[35,40,89]。随着环境问题的日益复杂，学者们综合能源消费和环境污染物排放情况，根据研究对象的不同，从不同的角度选取不同的指标对节能减排效率进行测算。余泳泽基于政策规划视角，选取“十一五”时期国家节能减排的主要约束性指标 COD 排放量和 $SO_2$ 排放量作为非期望产出，资本、劳动力和能源作为投入指标，GDP 为期望产出指标，分析了中国 29 个省份的节能减排潜力[90]。李科、Tang 和 Li、Iftikhar 等、Cucchiella 等从碳减排角度出发，选取资本、劳动力、能源消费为投入指标，GDP、$CO_2$ 排放量为产出指标，分析了碳约束视角下国家、省际、城市层面的节能减排效率[91-94]。Guo 等从能源节约和污染物减排角度出发，选取治理投资额、能源消费为投入指标，GDP 和节能量为产出指标，对中国 30 个省份节能减排效率进行评价[81]。张雪梅和马鹏琼从能源、资源、经济与环境协调视角出发，选取能源消耗、资源消耗、资本消耗为投入指标，经济收益、居民生活水平、环境效益为期望产出指标，污染物排放为非期望产出指标，分析了中国 30 个省会城市的节能减排效率[50]。Wu 等从污染物产生和治理角度出发，应用两阶段 DEA 模型对中国 30 个省份节能减排效率进行研究，第一阶段的投入产出指标包含劳动力、资本存量、能源消费、GDP、$SO_2$ 排放量和废水排放量；第二阶段的投入指标为治理设备投入，产出指标为 $SO_2$ 去除量、废水去除量和单位 GDP 能源消费量[95]。张吉岗和杨红娟从污染物排放角度出发，选取能源消费为投入指标，GDP、$SO_2$、氮氧化物和烟（粉）尘排放量为产出指标，测算分析了中国 29 个省市的节能减排效率[51]。陈星星则以劳动

力、资本存量、能源消费为投入指标，$CO_2$、$SO_2$、烟（粉）尘及废水排放量为产出指标分析了我国能源消耗产出效率[96]。郭姣和李健、李根等从工业污染物排放角度出发，选取劳动力、固定资产投资额、能源消费为投入指标，GDP、工业三废排放量（工业 $SO_2$、工业废水、工业烟粉尘）为产出指标，基于 SBM 模型分别研究了中国三大城市群节能减排效率、中国 30 个省份制造业能源生态效率的差异性[97,98]。孟庆春等从雾霾污染物排放角度出发，重点考虑了雾霾影响下中国省际能源效率及节能减排潜力的差异性，选取的非期望产出指标主要是雾霾污染物 $SO_2$、$NO_X$、$CO_2$ 和烟（粉）尘排放量[99]。

通过文献梳理发现，现有关于节能减排效率评价指标体系的构建，主要包括投入指标、期望产出指标和非期望产出指标三类。投入指标主要包括劳动力、资本存量、能源消耗，期望产出指标主要指 GDP，非期望产出指标为污染物排放量，但具体指标的选取存在一定的差异性。早期关于节能减排效率的研究，主要选择 $CO_2$ 排放量、COD 排放量和 $SO_2$ 排放量作为非期望产出，这主要是由于随着全球变暖日益严重，多数学者探讨分析了碳排放约束下的能源环境效率问题，而 $SO_2$ 排放量和 COD 排放量则是“十一五”时期国家节能减排的主要约束性指标。随着工业化和城镇化进程的加快，工业废水、工业废气、工业烟（粉）尘排放量被纳入非期望产出指标体系。近些年，随着雾霾天气的出现，学者们相继将主要雾霾污染物 $NO_X$ 排放量作为非期望产出进行研究。

总体而言，学者们对各类环境污染物排放指标进行了综合考量，但是关于期望产出指标，大多数学者只选取了单一的经济指标 GDP，忽略了环境收益对节能减排效率的影响。事实上，近些年随着节能减排政策体系的不断完善、生态环境治理的持续加强、产业结构的调整升级及战略性新兴产业的大力发展，我国节能减排工作取得显著成效，环境状况得到明显改善。因此，笔者将环境收益指标纳入节能减排效率评价体系，并将考虑环境收益情形下节能减排效率测算结果与不考虑环境收益情形下节能减排效率测算结果进行对比分析，以探讨环境收益对节能减排效率的重要影响。

## 二、节能减排效率评价

通过文献梳理发现，学术界关于节能减排的研究主要集中于节能减排效率（或绩效）评价和政策效果两方面。国外学者对节能减排的研究多集中于节能减排政策效果领域，如分析能源税收政策、环境税、行政约束或市场规范等政策实施对节能减排产生的效果[52-54,100-104]。国内学者对节能减排的相关研究主要集中于节能减排效率差异、节能减排潜力、政策实施的节能减排效应等方面[105-109]。结合本书的研究实际，本节主要从节能减排潜力与节能减排效率空间效应两方面对现有研究进行系统的综述。

### （一）节能减排潜力

从研究层面来看，学术界关于节能减排效率的相关研究主要集中于节能减排效率的区域特征和行业特征两方面。节能减排效率的区域特征主要集中于研究国家、省际或城市层面节能减排效率测算及节能减排潜力的差异性。节能减排效率测算的相关研究进展已在上文进行了详细的综述，故本部分重点梳理学术界在节能减排潜力方面取得的研究成果。就节能减排效率的区域差异性而言，众多研究均表明中国东部省份节能减排效率比西部省份的高。但是关于区域层面节能潜力与减排潜力的大小，学者们却持有不同的观点。Guo 等利用 M-SBM 模型，采用省级面板数据对中国 30 个省份的节能减排效率进行测算，并探究了各地区间的节能与减排潜力，发现中国 30 个省份整体节能减排效率较低，节能潜力远远大于减排潜力[81]；王兵和刘光天重点分析了能源约束下节能减排对中国绿色全要素生产率的影响效应和机制，发现节能减排绩效是绿色生产率增长的核心动力，并且减排绩效要优于节能绩效[110]。然而，一些学者却得出相反的结论。Wu 等基于能源效率和 $CO_2$ 排放效率对中国减排的弹性进行了研究，发现相较于节能压力，中国的减排压力更加紧迫[111]；Qi 等、李科、汪克亮等也认为中国的减排任务比节能任务更加紧迫[53,91,112]。

节能减排效率的行业特性主要集中于研究电力、钢铁、工业等行业的节能减排效应及节能减排潜力。Zhou 等研究分析了中国电力行业的节能和减排情况，

发现提高技术进步、加大对可再生资源的利用可以有效改善电力行业的节能和减排效应[113]；傅京燕和原宗琳以电力行业 $CO_2$ 对 $SO_2$ 的协同减排为切入点，研究了 $CO_2$ 减排对 $SO_2$ 减排产生的协同效应，并对协同减排活动中扩展效应的主要路径进行了分析，发现 $CO_2$ 减排对 $SO_2$ 产生的协同减排存在地区差异，有60%以上的地区可以通过协同减排发掘电力行业 $SO_2$ 的减排潜力[114]；程时雄等基于中国工业行业面板数据，测算了不同节能减排目标约束下工业行业节能减排对经济的影响，发现可以通过提升环境技术效率来削减节能减排对经济存在的潜力负面影响[115]；Wu 等通过 DEA 方法测算了中国 38 个工业部门的能源和环境效率，发现中国工业行业效率处于较低水平[116]；钱娟和李金叶基于中国 35 个工业行业面板数据，分析了科技创新、纯技术效率和规模效率对节能降耗、$CO_2$ 减排的影响，研究发现技术进步可以有效推进工业行业的节能降耗和 $CO_2$ 减排[117]。

近些年，随着城镇化与城市群研究的深入，学者们逐渐将研究视角延伸至城市及城市群层面。Sun 等通过改进的 DEA 模型对中国 211 个城市的节能减排效率进行测算，发现中国城市节能减排效率处于较低水平，不同区域间城市的节能减排效率水平存在明显差异，其中中部地区的节能减排效率最低[118]；Tang 和 Li 选取京津冀、长三角、珠三角城市群为研究对象，对三大城市群的节能减排效率进行研究，发现珠三角城市群节能减排效率最高，而京津冀城市群节能减排效率最低[92]；Zhou 等通过非径向函数分析了中国多个城市工业行业的节能减排潜力及影响因素，发现中国沿海城市节能减排表现最好，并且技术进步是促进城市工业节能减排效应提升的重要因素[119]；Wu 等通过节能减排供给曲线深入研究了中国钢铁行业的节能减排成本及潜力，并对比分析了京津冀、长三角和珠三角城市群钢铁行业的减排潜力和成本，发现京津冀地区的减排潜力最大[120]。

综上可以看出，学者们对国家、省际及行业层面的节能减排效率进行了较为深入的探讨，并取得一系列研究成果。但是关于城市群层面的研究并不多，尤其是全面衡量京津冀、长三角、珠三角城市群节能减排效率的研究相对较少。鉴于此，笔者选取京津冀、长三角、珠三角城市群为研究对象，对三大城市群节能减排效率进行全面深入的探讨，以丰富现有研究。

（二）节能减排效率空间效应

目前关于节能减排效率的空间效应，学者们多从节能和减排两个角度进行研究，相关研究成果主要集中于能源效率或环境效率的空间效应分析方面。

学术界关于能源效率空间效应的研究成果主要集中在省际和城市两个层面。关于中国各省份能源效率的空间效应研究，大多数研究表明，中国各省份能源效率呈现“东部高、中西部低”的分布格局，各省份能源效率具有显著的空间依赖性。Wang 等分析了中国各省份能源效率的空间效应，发现中国各省份能源效率具有显著的正向空间相关性，各省份能源效率的空间集聚特征较为稳定[121]；江洪等、潘雄锋等从空间效应视角研究了我国能源效率的空间相关性，发现我国省际能源效率具有明显的空间依赖性[122,123]；郭文等的研究表明，中国省域全要素能源效率存在空间溢出效应，各省份之间的差异逐渐减小[124]；潘雄锋等在对我国区域能源效率空间相关性分析的基础上，基于空间效应视角研究了我国区域能源效率的收敛性，发现能源效率具有显著的空间溢出效应[125]；张文彬和郝佳馨分析了中国各区域全要素能源效率的空间差异性，发现能源效率整体呈现“沿海高、内陆低”的空间分布格局，通过对全要素能源效率收敛性的研究发现全要素能源效率的空间收敛速度高于经典收敛速度[126]。关于中国各城市能源效率的空间效应，不同学者持有不同观点。程中华等关于中国地级市能源效率空间相关性的研究表明，中国地级市能源效率存在显著的正向空间集聚效应，但是这种空间集聚效应随时间推移越来越弱，城市间能源效率的空间差异性越来越大[127]；相反，于斌斌关于中国地级市能源效率空间效应的研究则表明，我国能源效率具有明显的正向空间相关性，其中高值集聚区主要出现在长三角和山东半岛等地[128]；郭一鸣等发现我国各城市能源效率在空间上呈现两纵一横的“H”形空间分布格局[129]；Wang 等分析了广东省 21 个城市能源环境效率的空间效应，发现能源环境效率呈现显著的空间异质性，高值城市主要集聚在沿海地区，尤其是珠三角中部地区[130]。

学术界关于环境效率空间效应的研究成果主要集中在省域和工业两个层面。大多数关于省域层面能源效率空间效应的研究表明，中国各省份环境效率在空间

上呈现“东部高、中西部低”的分布格局。罗能生和张梦迪分析了人口规模、消费结构对中国各省份环境效率的影响，发现中国各省份环境效率空间分布呈现东、中、西递减的非均衡发展态势，并且环境效率与消费结构在空间上具有依赖性，呈现正向的空间相关性，而人口规模不存在空间效应[131]；Yu 等、Liao 等对中国各省份生态效率的空间效应进行分析，发现各省份生态效率存在显著的空间相关性[132,133]；Song 等的研究发现中国各省份环境效率呈现显著的正向空间相关性，并呈现“东部高、中西部低”的空间分布格局[134]。关于工业行业层面环境效率空间效应的研究，不同学者持有不同观点。一些学者认为工业环境效率的空间集聚特征显著，各省份间差异会逐渐缩小。例如，蔡婉华和叶阿忠通过对中国工业大气环境效率空间相关性的分析，发现工业大气环境效率呈现显著的正向空间集聚特征[135]；刁贝娣等发现工业 $NO_X$ 排放量在相邻省域之间具有较强的空间相关性，各省份之间的相互影响作用较大[136]；张子龙等分析了中国各地级市工业环境效率的空间差异特征，发现工业能源效率呈现“东高西低”的空间分布格局，全国及各区域能源效率存在空间收敛性，空间差异特征随时间推移逐渐缩小[137]。而另一些学者则认为工业环境效率的空间差异会逐渐变大。例如，蔺雪芹等对中国工业资源环境效率的空间演化特征进行分析，发现中国工业资源环境效率具有显著的正向空间相关性，其空间特征由“均衡分布”向“西高东低”转变[138]；吕康娟和蔡大霞对长三角城市群工业污染空间效应的研究表明，工业污染强度的空间相关性由正值转为负值，城市群内各城市的空间效应逐渐由空间集聚特征转变为空间分异特征[139]。

综上可以看出，学术界关于能源效率或环境效率空间效应的研究主要集中于省域、城市或工业层面，关于城市群层面的研究相对较少，尤其是关于京津冀、长三角、珠三角城市群的对比研究。此外，关于空间效应的探讨，多数研究停留在效率空间相关性和效率空间分布格局两方面，鲜少有文献依据研究对象的空间分布特征，从空间视角对效率提升的空间治理问题进行深入探讨。鉴于此，笔者选取京津冀、长三角、珠三角城市群为研究对象，对三大城市群节能减排效率的空间效应进行深入分析，并依据各城市群节能减排效率的空间分布特征，探讨三大城市群节能减排效率提升的空间治理模式。

## 三、节能减排效率影响因素

目前关于节能减排效率影响因素的研究，学者们多从节能和减排两个角度进行探讨，研究成果主要集中在能源效率影响因素与环境效率影响因素两方面。结合本书的研究实际，本部分主要从研究方法、影响因素选取两方面对节能减排效率影响因素的相关研究进行系统综述。

### （一）研究方法

有关能源效率或环境效率影响因素分析的研究方法主要包含以下两类：一是以面板数据回归、Tobit 回归方法为主的传统计量方法；二是以空间滞后模型、空间误差模型、空间杜宾模型为主的空间计量方法。相比而言，传统计量方法的相关统计检验较为成熟，模型的构建与检验操作均有较为成熟的软件支撑，在影响因素研究领域受到学者们的广泛应用与推广，研究成果颇丰。与普通面板回归模型相比，Tobit 回归模型主要考虑模型中存在受限因变量的情况。多数情况下，效率的取值范围在 0~1，这种变量在计量经济学上称为“受限因变量”。如果模型中存在受限因变量，仍采用普通面板回归可能会带来参数估计的有偏性和不一致性，这种情况下就需要使用 Tobit 回归模型对影响因素进行研究[140]。例如，郭存芝等通过面板数据模型研究了中国 33 个资源型城市的生态效率，发现经济发展水平、产业结构、出口依存度、城市规模、环境改善力度等因素对城市生态效率具有显著的影响[55]；Zhou 等通过面板回归模型实证分析了各影响因素对广东省生态效率的影响，发现技术创新、政府规制和环保意识是促进生态效率提升的关键因素[141]；Xiao 等通过面板回归模型分析了中国工业部门能源环境效率的影响因素，发现经济发展水平与整个工业部门能源环境效率呈现显著的“U”形关系，而与重工业部门之间的能源环境效率呈现倒“U”形关系，部门规模、技术进步、能源消费结构对工业部门能源环境效率提升具有显著的影响[142]；王艳和苏怡通过 Tobit 回归模型研究了绿色发展视角下中国各省份节能减排效率的影响因素，发现产业结构、对外开放度、人均能源消费可以显著提升中国节能减排效

率水平[49]。

综上可以看出，传统计量经济学研究方法在影响因素研究领域已经取得了丰富的研究成果。但近几年随着经济地理学的发展及经济全球化的日益加深，区域间的联系变得越来越紧密，尤其是地理位置相近的区域。地理学第一定律（Tobler's First Law of Geography）指出在一个空间位置上任何事物都会受到其他事物的影响，并且地理位置相邻近的事物间影响更加紧密[143]。因此，空间计量经济学受到学者们的广泛关注。例如，Li 等通过空间计量模型分析了中国 30 个省份城镇化率与能源效率之间的关系，发现城镇化率与能源效率之间呈现显著的负相关关系[144]；Liu 等通过空间杜宾模型分析了中国各城市生态效率的影响因素，发现经济发展水平、产业结构、进出口贸易、信息化水平对城市生态效率提升具有显著的正向促进作用[145]；杨冕等通过空间杜宾模型分析了环境规制对中国 29 个省份工业污染治理效率的影响，发现环境规制不仅对本地工业污染治理有正向促进作用，对周边地区也有正向的空间溢出效应[146]。

本书的研究对象为京津冀、长三角、珠三角城市群。随着三大城市群协同发展战略的不断推进及市场化程度的不断提高，城市与城市之间的联系会越来越紧密。同时，从城市群的概念可以看出城市群发展的目标是形成空间组织紧凑、经济联系紧密、最终实现高度同城化和高度一体化的城市群体。鉴于此，笔者将采用空间计量经济模型深入分析各因素对中国三大城市群节能减排效率的影响，并探讨各影响因素对节能减排效率的空间溢出效应。

（二）影响因素选取

学术界关于节能减排效率影响因素的研究主要从节能和减排两个角度进行，研究成果主要集中在能源效率影响因素和环境效率影响因素两方面。因此，本部分主要对能源效率和环境效率影响因素研究进行相关综述，以从节能和减排两个角度探究影响节能减排效率的主要因素。

从节能角度来看，相关研究主要集中于省际、城市或行业部门层面能源效率影响因素的分析。张志辉通过 Tobit 回归模型对中国 30 个省份能源效率影响因素进行研究，发现经济发展水平与能源效率之间呈现“U”形关系，政府干预、所有制结构、对外开放程度对能源效率具有显著的正向影响，而城市化、资本深化程度、产业结构、能源结构及能源价格对中国能源效率具有显著的负向影响[147]；王兆华和丰超对中国能源效率影响因素的研究表明，产业结构、经济开放程度、基础设施对能源效率提升有重要影响[148]；Wang 等对北京能源效率影响因素的研究表明，市场集中度、外商直接投资可以显著提升北京市能源效率，而产权结构和能源消费结构对北京能源效率提升具有显著的抑制作用[149]；Li 和 Shi 通过 Tobit 回归模型分析了产业结构、能源消费、技术创新及政府规制对中国各工业部门能源效率的影响，发现产业结构和政府规制对工业部门整体能源效率提升具有显著影响，但各因素在不同工业部门间存在较大的差异[150]；关伟和许淑婷通过空间计量经济模型分析了经济发展、产业结构、人口数量、城镇化率、外商投资、对外贸易、能源投资等因素对中国省际层面能源生态效率的影响，发现产业结构对能源生态效率的影响最大[151]；田泽等通过 Tobit 回归模型分析了经济发展水平、产业结构、要素禀赋、技术创新、城市化水平对中国三大城市群能源效率的影响，发现各因素对三大城市群能源效率的影响存在较大差异[152]；冯博和王雪青、侯建朝等分别从行业层面出发，分析了建筑行业及交通运输行业能源效率的影响因素，发现能源消费结构、科技水平对能源效率提升具有重要影响[153,154]。

从减排角度来看，相关研究主要集中于区域或行业层面环境效率影响因素的分析。Zhang 等通过 Tobit 回归模型分析了中国 30 个省份环境效率的影响因素，发现人均 GDP、产业结构、创新能力、政府环保意识、人口密度对环境效率有显著的正向影响[40]；Song 等通过 Tobit 回归模型对中国各省环境效率影响因素进行分析，发现外商投资、环保意识、人口密度对环境效率提升具有显著的促进作用，而产业结构对环境效率提升具有显著的抑制作用[155]；尹传斌等通过对西部地区环境效率影响因素的研究，验证了环境库兹涅茨曲线理论的成立，并发现能源消费结构、科学技术水平、环保投资力度对西部环境效率提升具有重要的影响[156]；苑清敏等分析了经济发展水平、产业结构、外资依存度、环境治理能力等因素对京津冀、长三角、珠三角城市群环境效率的影响，发现各因素对三大城

市群环境效率的影响存在较大的差异[157]；Chen 等分析了高质量发展背景下黄河流域各城市生态水平及其影响因素，发现城市规模对各城市生态水平提升具有显著的正向影响[158]；范晓莉和王振坡通过空间误差模型分析了中国省际高技术产业环境效率的影响因素，发现地区经济总量、人力资本水平、资本投入、政府政策支持、行业盈利能力对高技术产业环境效率提升具有显著影响，而外商投资、产业集聚、技术创新等对环境效率的影响并未通过显著性检验[159]；李佳佳和罗能生通过空间杜宾模型分析了中国 30 个省份环境效率的空间溢出效应，发现各省份间环境效率有较强的空间依赖性，并且城镇化率、外商依存度、技术水平对环境效率具有显著的正向空间溢出效应，而环境投资具有显著的负向空间溢出效应[160]。

通过文献梳理发现，学术界关于能源效率或环境效率影响因素的研究成果多集中于省际、区域或行业等宏观层面，有关城市群层面的研究相对较少，并且研究方法多以传统计量方法为主。此外，学者们深入探讨了多种因素对能源效率或环境效率的影响，多数研究均表明经济发展水平、产业结构、能源结构、城市发展水平、对外开放程度、政府支持等因素对能源效率或环境效率具有显著的影响。因此，笔者将采用空间计量经济模型，选取经济发展水平、产业结构调整、能源结构、城市发展水平、对外开放程度、环境规制作为影响因素指标，深入分析这些因素对京津冀、长三角、珠三角城市群节能减排效率的影响及空间溢出效应。

## 四、文献述评

通过上述文献梳理可以看出，目前国内外学者对节能减排效率相关问题进行了大量深入的研究，并取得丰硕的研究成果，这为本书的研究奠定了扎实的研究依据和基础。但现有研究仍有一些问题值得进一步深入探讨分析，主要体现在以下几个方面：

从节能减排效率研究视角来看，现有研究多集中于国家、区域、省市或行业等宏观层面，针对城市群层面的研究相对较少，尤其是关于京津冀、长三角、珠三角城市群节能减排效率的对比分析。京津冀、长三角、珠三角城市群作为中国经济增长的主要载体和核心驱动地区，其节能减排效率的提升是国家实现绿色转型发展的关键所在。因此，笔者选取京津冀、长三角、珠三角城市群为研究对象，对三大城市群节能减排效率进行系统深入的研究。

从节能减排效率测算研究来看，现有多数研究主要从节能和减排两个角度对效率进行测算，忽视了环境收益对节能减排效率的影响。具体而言，在节能减排效率指标体系构建方面，学者们选取各类环境污染物排放量对非期望产出指标进行了综合考量。但是关于期望产出指标，大多数研究只选取了单一的经济指标GDP，并没有考虑环境收益对节能减排效率的影响。因此，笔者通过对节能减排效率内涵的系统梳理，基于3E理论与绿色发展理论，提出本书关于节能减排效率研究的理论分析框架，并以此为依据构建绿色发展视角下考虑环境收益的节能减排效率评价指标体系，以对三大城市群节能减排效率进行科学的测算。

从节能减排潜力研究来看，现有研究主要通过分析效率的无效来源表征节能减排潜力，对节能减排潜力的定量表征缺乏系统深入的研究。此外，关于减排潜力的研究，学者们多探讨单一污染物的减排潜力，如碳减排潜力、$SO_2$减排潜力等，鲜有文献综合考虑多种污染物的减排潜力。因此，笔者通过构建节能潜力与减排潜力模型，定量表征了中国三大城市群各城市的节能潜力、工业废水减排潜力、工业$SO_2$减排潜力、工业烟（粉）尘减排潜力，以识别三大城市群节能减排的工作重点。

从节能减排效率空间效应研究来看，现有研究多集中于分析能源效率或环境效率空间相关性和空间分布格局两个层面，鲜有文献从空间治理角度出发，探究促进效率提升的空间治理模式。因此，笔者将对三大城市群节能减排效率的空间效应进行深入分析，并依据三大城市群节能减排效率的空间集聚特征，对三大城市群节能减排效率提升的空间治理模式进行探讨，以丰富现有关于节能减排效率空间效应的研究体系。

从节能减排效率影响因素研究来看，多数研究从节能和减排两个角度出发，深入探讨了各因素对能源效率或环境效率的影响，为本书关于节能减排效率影响

因素的研究提供了重要依据。但是关于影响因素的研究方法，多数学者均采用传统经济计量方法，未从空间交互作用出发，考虑各因素对节能减排效率的影响及空间溢出效应。因此，笔者将采用空间计量经济模型，全面探讨各因素对中国三大城市群节能减排效率的影响及空间溢出效应，以期为三大城市群节能减排政策的制定提供科学的参考和依据。

## 本章小结

本章对城市群和节能减排效率内涵进行了系统的梳理，在此基础上详细阐述了 3E 理论、绿色发展理论、非均衡发展理论，并以此为依据提出本书关于节能减排效率研究的理论分析框架。此外，本章分别对节能减排效率测算、节能减排效率评价、节能减排效率影响因素三方面的研究成果进行了系统的梳理与述评。通过对核心概念进行界定、对相关理论进行阐释、对研究文献进行评述，引出本书需要进一步深入探讨的研究内容，并阐明本书后续研究的意义和价值。

# 第三章　中国三大城市群节能减排效率测算及特征分析

本章基于 2006~2018 年京津冀、长三角、珠三角城市群 49 个城市的面板数据，运用考虑非期望产出的超效率 SBM 模型测算了考虑环境收益的中国三大城市群节能减排效率，并与不考虑环境收益情形下的节能减排效率进行对比分析，以探究节能减排效率评价指标体系的科学构建。在此基础上，笔者对中国三大城市群节能减排效率的总体特征及各发展阶段特征进行深入分析，以掌握三大城市群节能减排效率的整体水平及发展规律。

## 第一节　中国三大城市群节能减排效率测算

### 一、考虑非期望产出的 SBM 模型

数据包络分析由 Charnes、Cooper 和 Rhodes 于 1978 年提出，用来评价一组具有多投入与多产出决策单元（Decision Making Units，DMU）之间的相对效率[161]。传统 DEA 模型有 CCR 模型和 BCC 模型两种，二者都是从径向（投入和产出等比例缩小或放大）和角度（投入或产出角度）两方面对效率进行测算，

由于没有考虑投入产出的松弛性问题，使得效率测算结果不够精确[162]。为了解决这一问题，Tone 于 2001 年提出了基于松弛变量测度的非径向非角度 SBM 模型[163]。然而，该 SBM 模型在评价决策单元效率时，存在两方面的缺陷：一是 SBM 模型对效率进行测度和比较时，无法对多个处于前沿面的决策单元（效率值均为 1）进行进一步的评价和排序；二是 SBM 模型不适合评价考虑非期望产出的决策单元效率。为此，Tone 于 2002 年提出了超效率 SBM 模型，该模型在评价某一决策单元效率时，能够将其排除在参与集之外，实现对 SBM 有效单元的继续评价和排序[164]。为了解决 SBM 模型不能评价存在非期望产出的决策单元效率问题，Tone 于 2003 年对 SBM 模型进行了拓展，建立了可以处理非期望产出的 SBM 模型，即 SBM-Undesirable 模型[165]。

假设生产系统有 $n$ 个决策单元，并且每个决策单元均有投入、期望产出和非期望产出三种投入产出变量，分别表示为 $x \in R^{m}$、$y^{g} \in R^{s_1}$ 和 $y^{b} \in R^{s_2}$，定义矩阵 $X$、$Y^{g}$、$Y^{b}$ 如下：$X=[x_1, x_2, \cdots, x_n] \in R^{m\times n}$，$Y^{g}=[y_1^{g}, y_2^{g}, \cdots, y_n^{g}] \in R^{s_1\times n}$ 和 $Y^{b}=[y_1^{b}, y_2^{b}, \cdots, y_n^{b}] \in R^{s_2\times n}$。根据实际投入产出情况，假设 $X>0$、$Y^{g}>0$、$Y^{b}>0$，那么生产可能性集可定义为：

$$P=\{(x, y^{g}, y^{b}) \mid x \geqslant X\lambda, y^{g} \geqslant Y^{g}\lambda, y^{b} \geqslant Y^{b}\lambda, \lambda \geqslant 0\} \tag{3.1}$$

则考虑非期望产出的 SBM 模型（SBM-Undesirable）如下：

$$\rho_1 = \min \frac{1 - \dfrac{1}{m}\sum_{i=1}^{m} \dfrac{s_i^{-}}{x_{i0}}}{1 + \dfrac{1}{s_1 + s_2}\left(\sum_{r=1}^{s_1} \dfrac{s_r^{g}}{y_{r0}^{g}} + \sum_{r=1}^{s_2} \dfrac{s_r^{b}}{y_{r0}^{b}}\right)}$$

$$\text{s.t.} \begin{cases} x_0 = X\lambda + s^{-} \\ y_0^{g} = Y^{g}\lambda - s^{g} \\ y_0^{b} = Y^{b}\lambda + s^{b} \\ s^{-} \geqslant 0, s^{g} \geqslant 0, s^{b} \geqslant 0, \lambda \geqslant 0 \end{cases} \tag{3.2}$$

其中，$\rho_1$ 为目标函数且是严格递减的，并且满足 $0 \leqslant \rho_1 \leqslant 1$，$s^{-}$、$s^{g}$、$s^{b}$ 分别为投入松弛变量、期望产出松弛变量和非期望产出松弛变量；$\lambda \in R^{n}$ 为权重向量；模型中下标0表示被评价的决策单元。对于某一特定的决策单元而言，当且仅当$\rho_1=1$，并且$s^-$、$s^g$、$s^b$均为0时，该决策单元才是有效的。反之，则说明该决策单元是无效的，存在投入和产出上改进的必要性。

## 二、考虑非期望产出的超效率SBM模型

由于SBM模型无法对多个处在前沿面的决策单元进行进一步的评价和排序，Tone于2002年对SBM模型进行了改进，提出超效率SBM模型（Super-SBM），模型构建如下：

$$\rho_2 = \min \frac{\frac{1}{m}\sum_{i=1}^{m}\frac{\bar{x}}{x_{i0}}}{\frac{1}{s}\sum_{r=1}^{s}\frac{\bar{y}_r}{y_{r0}}}$$

$$\text{s. t.}\begin{cases}\bar{x} \geqslant X\lambda \\ \bar{y} \leqslant Y\lambda \\ \bar{x} \geqslant x_0,\ \bar{y} \leqslant y_0,\ \bar{y} \geqslant 0,\ \lambda \geqslant 0\end{cases} \tag{3.3}$$

其中，$\rho_2$为目标函数值，该值可以大于等于1，这样可以解决多个决策单元同时进行有效的评价和排序的问题。$m$表示DMU的投入个数，$s$表示产出个数，$\bar{x}$和$\bar{y}$分别为投入和产出的松弛变量。

根据上述考虑非期望产出的SBM模型（SBM-Undesirable）和超效率SBM模型（Super-SBM），笔者参考Li等、Yang等的研究，构建考虑非期望产出的超效率SBM模型，对中国三大城市群节能减排效率进行测算[34,166]，模型构建如下：

$$\rho^* = \min \frac{\frac{1}{m}\sum_{i=1}^{m}\frac{\bar{x}}{x_{i0}}}{1+\frac{1}{s_1+s_2}\left(\sum_{r=1}^{s_1}\frac{\bar{y}^g}{y_{r0}^g}+\sum_{r=1}^{s_2}\frac{\bar{y}^b}{y_{r0}^b}\right)}$$

$$\text{s.t.}\begin{cases}\bar{x} \geqslant X\lambda \\ \bar{y}^g \leqslant Y^g\lambda \\ \bar{y}^b \geqslant Y^b\lambda \\ \bar{x} \geqslant x_0,\ \bar{y}^g \leqslant y_{g_0},\ \bar{y}^b \geqslant y_{b_0},\ \lambda > 0\end{cases} \tag{3.4}$$

其中，$\rho^*$ 为各城市节能减排效率值，该值可以大于等于 1，$m$ 表示 DMU 的投入个数，$s_1$ 表示期望产出个数，$s_2$ 表示非期望产出个数，$\bar{x}$、$\bar{y}^g$、$\bar{y}^b$ 分别表示投入、期望产出和非期望产出的松弛变量。值得注意的是，式（3.4）是基于规模报酬不变（CRS）假设的。若引入约束条件 $\sum_{j=1}^{n}\lambda_j = 1$，则式（3.4）就转变为可变规模报酬模型（VRS）。

## 第二节　中国三大城市群节能减排效率评价指标体系构建

### 一、投入产出指标体系

结合相关文献及节能减排实际过程，笔者基于节能减排效率内涵、3E 理论和绿色发展理论，构建了绿色发展视角下考虑环境收益的节能减排效率投入产出指标体系。节能减排效率是指某地区在一定时期内通过相关的能源投入，以较少的环境污染代价实现较大的经济效益和环境效益。通过定义可以看出，节能减排效率本质上追求的是通过消耗较少的能源投入，获取较高的经济产出和环境收益，同时使得环境污染物的排放最少。根据定义，节能减排效率评价指标体系主要包括以能源消费为主的投入指标、以经济收益和环境收益为主的期望产出指标、以环境污染物为主的非期望产出指标三类，中国三大城市群节能减排效率投入产出指标体系如表 3-1 所示。

**表 3-1　中国三大城市群节能减排效率投入产出指标体系**

| 分类 | 指标 | 变量定义 | 单位 |
|---|---|---|---|
| 投入 | 劳动力 | 全社会从业人员总数 | 万人 |
| | 资本存量 | 固定资产投资额 | 亿元 |
| | 能源消费 | 全社会能源消费总量 | 万吨标准煤 |
| 期望产出 | 经济收益 | GDP | 亿元 |
| | 环境收益 | 建成区绿化覆盖率 | % |
| 非期望产出 | 污染物排放 | 工业废水排放量 | 亿吨 |
| | | 工业 $SO_2$ 排放量 | 万吨 |
| | | 工业烟（粉）尘排放量 | 万吨 |

资料来源：笔者整理所得。

（1）投入指标。能源投入是节能减排效率测算中必须要考虑的指标。同时，能源消费过程中一定会伴随人力与资本的投入，故笔者将劳动力、资本存量、能源消费作为节能减排效率评价的投入指标。其中，劳动力以各城市全社会从业人员总数表示；能源消费以各城市全社会能源消费总量表示；资本存量基于各城市固定资产投资额，采用永续盘存法进行估算。

（2）期望产出。本书从经济收益和环境收益两方面对期望产出指标进行综合考虑。3E 理论强调社会发展要实现经济、能源、环境系统之间的可持续发展。关于经济收益，本书遵循大多数学者的做法，将 GDP 作为衡量经济收益的指标。在“十四五”规划中，政府提出不仅要加强环境治理，更要注重生态文明建设，积极推进绿色低碳发展，并提出“十四五”时期森林覆盖率将达到 24.1%，这是政府首次将生态建设指标作为节能减排约束性目标纳入规划中，充分体现了绿色发展理念。提高森林覆盖率或绿化覆盖率对实现碳中和目标具有重要的意义，同时这两个指标也可以有效反映地区的生态环境保护状况。在考虑城市层面数据可获得性的基础上，笔者参照常新锋和管鑫、李江苏等的研究[167,168]，选取各城市建成区绿化覆盖率作为衡量环境收益的指标。

（3）非期望产出。由于能源消费主要集中于工业行业，是节能减排的重点领域，所以笔者选取工业废水排放量、工业 $SO_2$ 排放量和工业烟（粉）尘排放量作为节能减排效率评价的非期望产出指标。

## 二、数据来源与说明

本书以中国三大城市群 49 个城市为研究对象。2006 年国家“十一五”规划纲要首次将节能减排作为约束性指标列入规划，并确定了多项节能减排具体目标，故笔者选取 2006~2018 年为研究期。本节主要对各投入产出指标的定量表征及数据来源进行相关说明。

（1）劳动力投入。劳动力理论上应该综合考虑劳动时间、劳动种类、劳动质量、劳动强度等方面，但是由于各城市统计口径的差异性以及数据的可获得性，笔者选取全社会从业人员总数表征三大城市群各城市劳动力投入。其中，京津冀城市群各城市全社会从业人员数据来源于 2007~2019 年各市统计年鉴及中国知网统计年鉴数据库；长三角城市群各城市全社会从业人员数据来源于 2007~2019 年《江苏统计年鉴》中分地区就业人员总数、2007~2019 年《浙江统计年鉴》中各市全社会从业人员数、2007~2019 年《安徽统计年鉴》中各市按三次产业分的就业人员数；珠三角城市群各城市全社会从业人员数据来源于 2007~2019 年《广东统计年鉴》中按三次产业分的社会从业人员数。

（2）资本存量投入。因资本存量数据在统计年鉴中不能直接获得，笔者依据单豪杰的做法[169]，基于各城市固定资产投资额数据，采用永续盘存法（PIM）对各城市资本存量进行估算，计算公式如下：

$$K_{i,t}=(1-\delta)K_{i,t-1}+I_{i,t} \tag{3.5}$$

其中，$K_{i,t}$ 和 $K_{i,t-1}$ 分别表示城市 $i$ 在第 $t$ 年和第 $t-1$ 年的资本存量，$\delta$ 为折旧率，取值为 10.96%，$I_{i,t}$ 为城市 $i$ 在第 $t$ 年的固定资产投资额。本书以 2006 年为基期，基期资本存量为 $K_{i,2006}=I_{i,2006}/(g_i+\delta)$，其中，$g_i$ 为 2006~2018 年城市 $i$ 固定资产投资额的年平均增长率。其中，各城市固定资产投资额的数据来源于各市统计年鉴及国民经济与社会发展统计公报。

（3）能源投入。能源消费投入通过全社会能源消费总量表征。在中国三大城市群 49 个城市中，并非所有城市的统计年鉴中均记载了完整的、统一的全社会能源消费总量，一些城市的统计年鉴中并没有统计全社会能源消费总量，统计的是工业能源消费总量，这些城市主要集中在京津冀和长三角城市群。针对这些城市，笔者通过收集各城市能源强度的数据，计算得出各城市能源消费总量。“十一五”规划将单位GDP能耗作为各省区市约束性目标，要求各级政府统一汇报终端能源强度数据，这样就可以保证通过GDP能耗计算得出的能源消费总量在统计上的一致性。在中国三大城市群49个城市中，珠三角城市群各城市能源消费总量均可通过2007~2019年各市统计年鉴直接获得，京津冀和长三角城市群中也有一部分城市能源消费总量可以直接从各市统计年鉴中获得，无法直接从统计年鉴中获得能源消费总量数据的城市通过GDP能耗计算得出。GDP能耗的数据主要来源于相应省份的统计年鉴、各市政府工作报告及媒体报道。对于无法搜集到GDP能耗的部分城市，通过线性插值法进行数据补充。

（4）期望产出。期望产出包含经济收益与环境收益两部分。其中，经济收益选取各市GDP进行表征，数据来源于相应省份及各市的统计年鉴。环境收益通过各市建成区绿化覆盖率进行表示，数据来源于2007~2019年《中国城市统计年鉴》。

（5）非期望产出。非期望产出数据主要指工业污染物排放，包括工业废水、工业$SO_2$、工业烟（粉）尘排放量，相关数据均可在2007~2019年《中国城市统计年鉴》中获得。上述各投入产出指标的详细描述性统计如表3-2所示。

**表3-2　中国三大城市群投入产出指标的描述性统计**

| 变量 | 年份 | 最大值 | 最小值 | 均值 | 标准差 |
|---|---|---|---|---|---|
| 从业人员总数（万人） | 2006 | 919.700 | 43.200 | 329.526 | 187.475 |
| | 2018 | 1375.660 | 49.310 | 430.753 | 283.624 |
| 资本存量（亿元） | 2006 | 22667.151 | 248.057 | 3078.435 | 3625.967 |
| | 2018 | 67267.895 | 3688.758 | 19458.330 | 13342.749 |
| 能源消费总量（万吨标准煤） | 2006 | 8355.490 | 178.050 | 1795.522 | 1699.161 |
| | 2018 | 11453.730 | 492.830 | 3102.541 | 2823.097 |
| GDP（亿元） | 2006 | 10718.040 | 130.120 | 1924.556 | 2118.662 |
| | 2018 | 32679.870 | 684.900 | 7142.021 | 7424.918 |

续表

| 变量 | 年份 | 最大值 | 最小值 | 均值 | 标准差 |
|---|---|---|---|---|---|
| 建成区绿化覆盖率（%） | 2006 | 53.420 | 19.680 | 38.114 | 6.596 |
| | 2018 | 49.700 | 33.710 | 42.540 | 2.850 |
| 工业废水排放量（亿吨） | 2006 | 7.654 | 0.151 | 1.627 | 1.662 |
| | 2018 | 3.973 | 0.053 | 0.907 | 0.819 |
| 工业 $SO_2$ 排放量（万吨） | 2006 | 37.433 | 1.056 | 9.329 | 7.788 |
| | 2018 | 8.839 | 0.098 | 1.586 | 1.555 |
| 工业烟（粉）尘排放量（万吨） | 2006 | 14.344 | 0.190 | 2.834 | 2.542 |
| | 2018 | 22.782 | 0.047 | 2.187 | 3.286 |

资料来源：笔者计算所得。

从表3-2可以看出，中国三大城市群49个城市GDP均值由2006年的1924.556亿元增长至2018年的7142.021亿元，年均增长率高达11.55%，保持了较快的增长速度，说明中国三大城市群已经实现了经济的高速发展。但同时能源消费总量在研究期间也呈现出较大幅度的增长，由2006年的1795.522万吨标准煤增长至2018年的3102.541万吨标准煤，年均增长率为4.66%，表明中国三大城市群经济的高速增长伴随着较高的能源消费水平。近些年，随着生态文明建设及环境治理能力的提升，三大城市群环境污染物治理工作取得一定成效。与2006年相比，2018年三大城市群的工业废水排放量、工业 $SO_2$ 排放量、工业烟（粉）尘排放量均实现了一定程度的下降，年均下降率分别达到4.75%、13.73%、2.14%，其中工业废水排放量和工业烟（粉）尘排放量下降幅度较小。与此同时，三大城市群建成区绿化覆盖率也实现了一定程度的增长，但是增长幅度并不大，年均增长率仅为0.92%，不足1%，发展缓慢，这一现象表明改善环境污染问题不仅要重视对污染物的防控，更要加大对环境建设领域的关注。此外，中国三大城市群从业人员总数和资本存量也呈现增长态势，其中从业人员年均增长率为2.26%，增长幅度并不大，而资本存量的年均增长率却高达16.61%，实现了较大幅度的增长。

综上可以看出，中国三大城市群在经济发展过程中，虽然环境治理及环境建设取得了一定成效，但仍存在能源高消耗、人力和资本高投入的问题。此外，投入指标和产出指标的最大值与最小值之间呈现较大差距，各指标均拥有较高水平的标准差。其中，从业人员总数、资本存量、能源消费总量、GDP 和工业烟（粉）尘排放量在 2018 年的标准差较 2016 年均实现了一定程度的增长，说明这些指标在各市之间的差异呈现扩大趋势，这反映出三大城市群在投入产出规模上的不平衡性。因此，有必要对中国三大城市群节能减排效率进行科学测算，并对三大城市群节能减排效率进行深入分析，以探究三大城市群投入产出规模的合理性及改进方向。

## 第三节　中国三大城市群节能减排效率特征分析

### 一、两种情形下节能减排效率对比分析

为了突出说明环境收益对中国三大城市群节能减排效率的影响，本节基于上述投入产出数据，采用考虑非期望产出的超效率 SBM 模型，通过 Max DEA 软件分别测算 2006~2018 年中国三大城市群 49 个城市不考虑环境收益与考虑环境收益两种情形下的节能减排效率，并对两种情形下三大城市群节能减排效率相关统计量进行计算，以便更好地对比分析两种情形下节能减排效率的差异性，计算结果如表 3-3 所示。

**表 3-3　2006~2018 年两种情形下中国三大城市群节能减排效率对比**

| 年份 | 不考虑环境收益 | | | | 考虑环境收益 | | | |
|---|---|---|---|---|---|---|---|---|
| | 最大值 | 最小值 | 均值 | 标准差 | 最大值 | 最小值 | 均值 | 标准差 |
| 2006 | 1.182 | 0.145 | 0.374 | 0.246 | 1.235 | 0.247 | 0.569 | 0.293 |
| 2007 | 1.241 | 0.138 | 0.370 | 0.253 | 1.242 | 0.249 | 0.574 | 0.301 |
| 2008 | 1.244 | 0.137 | 0.366 | 0.252 | 1.336 | 0.263 | 0.660 | 0.311 |
| 2009 | 1.253 | 0.150 | 0.371 | 0.257 | 1.325 | 0.242 | 0.661 | 0.316 |
| 2010 | 1.295 | 0.145 | 0.372 | 0.258 | 1.540 | 0.248 | 0.653 | 0.322 |

续表

| 年份 | 不考虑环境收益 | | | | 考虑环境收益 | | | |
|---|---|---|---|---|---|---|---|---|
| | 最大值 | 最小值 | 均值 | 标准差 | 最大值 | 最小值 | 均值 | 标准差 |
| 2011 | 1. 298 | 0. 139 | 0. 378 | 0. 290 | 1. 579 | 0. 233 | 0. 589 | 0. 318 |
| 2012 | 1. 304 | 0. 130 | 0. 340 | 0. 252 | 1. 591 | 0. 214 | 0. 562 | 0. 312 |
| 2013 | 1. 302 | 0. 122 | 0. 328 | 0. 232 | 1. 588 | 0. 199 | 0. 541 | 0. 320 |
| 2014 | 1. 301 | 0. 121 | 0. 318 | 0. 231 | 1. 592 | 0. 207 | 0. 551 | 0. 318 |
| 2015 | 1. 284 | 0. 120 | 0. 331 | 0. 253 | 1. 508 | 0. 209 | 0. 549 | 0. 303 |
| 2016 | 1. 219 | 0. 118 | 0. 332 | 0. 262 | 1. 314 | 0. 211 | 0. 534 | 0. 283 |
| 2017 | 1. 227 | 0. 118 | 0. 345 | 0. 276 | 1. 432 | 0. 215 | 0. 586 | 0. 315 |
| 2018 | 1. 306 | 0. 112 | 0. 364 | 0. 284 | 1. 509 | 0. 203 | 0. 607 | 0. 319 |

资料来源：笔者计算所得。

整体上来看，考虑环境收益情形下中国三大城市群节能减排效率的最大值、最小值及均值都明显高于不考虑环境收益情形下的节能减排效率值，这说明进行环境领域的建设对节能减排效率提升具有重要意义，环境收益指标对节能减排效率评价具有重要的影响。为鉴别两种情形下中国三大城市群节能减排效率是否具有显著差异，通过 Mann-Whitney U 对两种情形下节能减排效率均值进行检验，其 Z 值为 4. 333，并且通过 1%的显著性水平检验，显著拒绝原假设，说明两种情形下节能减排效率具有显著的差异性。对比两种情形下节能减排效率的标准差，发现当考虑环境收益情形时，三大城市群节能减排效率标准差较大，说明考虑环境收益情形下三大城市群节能减排效率在研究期间呈现较大的变动趋势。

两种情形下中国三大城市群节能减排效率变动趋势如图 3-1 所示。从时序变化来看，考虑环境收益情形下三大城市群节能减排效率波动幅度明显大于不考虑环境收益情形。不考虑环境收益情形下，三大城市群节能减排效率在研究期间的变化较为平缓，呈现较小的波动幅度，效率值基本维持在 0. 31~0. 38。三大城市群节能减排效率在不考虑环境收益情形下整体呈现下降趋势，由 2006 年的 0. 374 下降到 2018 年的 0. 364，年均下降率为 0. 226%。相比而言，考虑环境收益情形下三大城市群节能减排效率在研究期间呈现较大幅度的变化，整体上呈现上升趋势，节能减排效率由 2006 年的 0. 569 上升至 2018 年的 0. 607，年均增长率为

0. 538%。对比考虑环境收益与不考虑环境收益两种情形可以发现，京津冀、长三角、珠三角城市群在考虑环境收益情形下的节能减排效率明显高于不考虑环境收益情形下的。其中，珠三角城市群节能减排效率在两种情形下变动趋势较为相似，而京津冀和长三角城市群节能减排效率在两种情形下呈现较大差异，在考虑环境收益情形下呈现较大范围的波动。由此可见，环境收益对三大城市群节能减排效率测算结果具有较大影响。如果在城市群节能减排效率评估中未考虑环境收益，会在一定程度上造成测算结果的偏差。

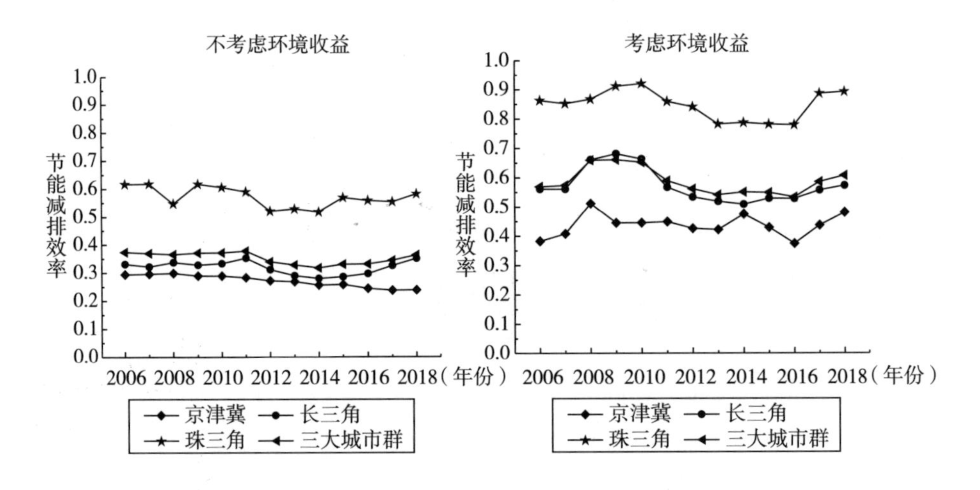


**图 3-1　两种情形下中国三大城市群节能减排效率变化趋势**

资料来源：笔者整理绘制而成。

从城市层面来看，不考虑环境收益与考虑环境收益两种情形下，中国三大城市群 49 个城市节能减排效率的有效单元数量、各城市效率值及城市效率值排名都存在显著差异。对比考虑环境收益与不考虑环境收益两种情形下三大城市群 49 个城市在研究期间节能减排效率均值发现，考虑环境收益后，多个城市节能减排效率发生较大改变，其中有 4 个城市节能减排效率从无效 DMU 转变成了有效 DMU，说明环境收益对三大城市群节能减排效率产生了重要影响。当不考虑环境收益时，处在效率前沿面的城市有深圳、北京和广州三个。当考虑环境收益时，处在效率前沿面的城市新增了铜陵、舟山、池州、珠海。究其原因，发现研究期间珠海建成区绿化覆盖率在 49 个城市中排名第二，仅次于北京，均值达到

50.11%，铜陵建成区绿化覆盖率排名第五，均值为47.4%，相比于其他城市处于领先地位。因此在考虑环境收益情形下，珠海和铜陵处于效率前沿面。舟山和池州在研究期间能源消费总量在49个城市中最低，同时舟山和铜陵的工业污染物排放在49个城市中也处于较低水平，并且这两个城市的建成区绿化覆盖率排在49个城市的中上游。总体而言，舟山和池州两个城市的投入产出规模相对较合理，用较少的能源投入，获得了相对较高的环境收益，同时污染物排放量也处于较低水平。因此在考虑环境收益情形下，舟山和铜陵也处于效率前沿面（见图3-2）。

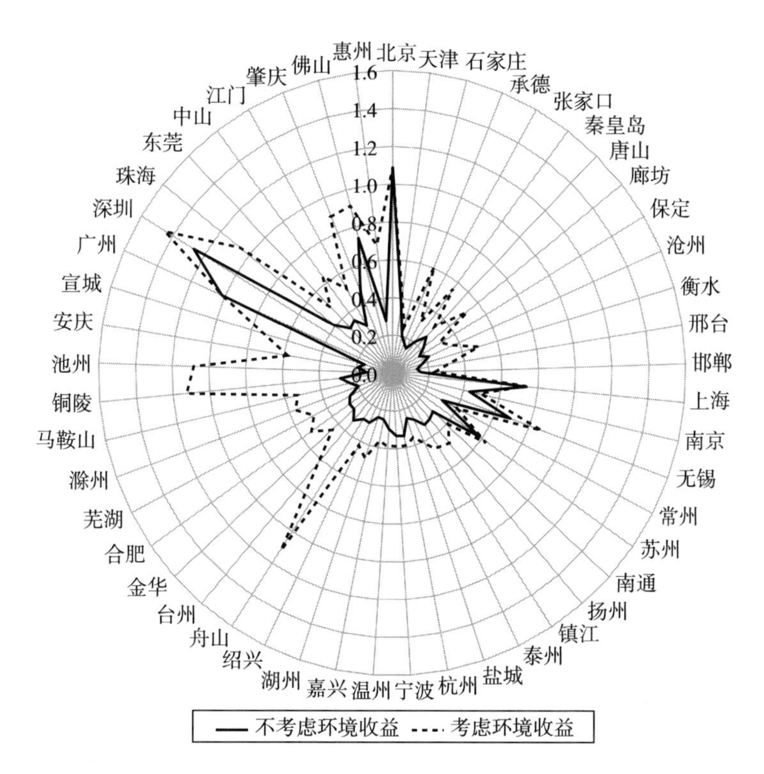


**图3-2　2006~2018年两种情形下各城市节能减排效率均值**

资料来源：笔者整理绘制而成。

对比不考虑环境收益与考虑环境收益两种情形，可以发现许多城市的效率值发生了较大变化。在中国三大城市群49个城市中，考虑环境收益情形下的城市节能减排效率得到了大幅度的提升，如池州、宣城、承德、铜陵、秦皇岛、滁州、安庆。通过分析原始投入产出数据，发现这些城市的绿化覆盖率在49个城市中均处于领先地位，说明环境收益指标对这些城市节能减排效率产生了积极的促进作用。虽然这些城市的资本投入、能源消费及经济总量规模不大，但是其环境收益较大，这在不考虑环境收益情形下是无法体现的。然而，也有相当一部分城市在考虑环境收益后，节能减排效率出现了下降，如天津、杭州、宁波。发生显著变化的原因主要在于这三个城市的绿化覆盖率不高，环境收益的低水平导致这些城市节能减排效率发生明显变化。因此，这些城市在今后的发展中，应该着力加强对环境的改善，提高绿化覆盖率。

从上述分析可以看出，在测算节能减排效率时，有必要考虑环境收益的影响，针对各城市环境收益差异和城市特点对节能减排效率进行客观测度，才能更加客观、真实地反映实际情况。

## 二、节能减排效率总体特征分析

通过上述分析，可以发现中国三大城市群在考虑环境收益情形下的节能减排效率更加客观真实，符合实际情况。因此，在本书的后续研究中，主要对考虑环境收益下的节能减排效率进行分析，具体测算结果如表3-4所示。

**表3-4　2006~2018年中国三大城市群节能减排效率**

| 城市 | “十一五”时期 | | | “十二五”时期 | | | “十三五”时期 | | | 均值 |
|---|---|---|---|---|---|---|---|---|---|---|
| | 2006年 | 2008年 | 2010年 | 2011年 | 2013年 | 2015年 | 2016年 | 2017年 | 2018年 | |
| 北京市 | 1.003 | 1.063 | 1.087 | 1.110 | 1.095 | 1.157 | 1.093 | 1.030 | 1.027 | 1.077 |
| 天津市 | 0.363 | 0.400 | 0.368 | 0.370 | 0.373 | 0.346 | 0.303 | 0.310 | 0.312 | 0.355 |
| 石家庄市 | 0.262 | 0.278 | 0.262 | 0.260 | 0.245 | 0.251 | 0.262 | 0.268 | 0.250 | 0.260 |
| 承德市 | 0.294 | 0.441 | 0.390 | 1.018 | 1.083 | 1.047 | 0.417 | 0.395 | 0.393 | 0.639 |
| 张家口市 | 0.314 | 0.372 | 0.303 | 0.299 | 0.265 | 0.314 | 0.334 | 0.322 | 0.331 | 0.314 |
| 秦皇岛市 | 0.464 | 1.019 | 0.682 | 0.505 | 0.481 | 0.412 | 0.478 | 0.515 | 0.555 | 0.592 |
| 唐山市 | 0.320 | 0.383 | 0.351 | 0.342 | 0.319 | 0.285 | 0.251 | 0.255 | 0.266 | 0.315 |
| 廊坊市 | 0.445 | 1.003 | 0.517 | 0.395 | 0.348 | 0.407 | 0.385 | 0.411 | 1.034 | 0.527 |
| 保定市 | 0.269 | 0.314 | 0.306 | 0.288 | 0.248 | 0.241 | 0.251 | 0.261 | 0.272 | 0.272 |
| 沧州市 | 0.418 | 0.490 | 0.542 | 0.316 | 0.276 | 0.265 | 0.272 | 0.273 | 0.257 | 0.364 |

续表

| 城市 | "十一五"时期 | | | "十二五"时期 | | | "十三五"时期 | | | 均值 |
|---|---|---|---|---|---|---|---|---|---|---|
| | 2006年 | 2008年 | 2010年 | 2011年 | 2013年 | 2015年 | 2016年 | 2017年 | 2018年 | |
| 衡水市 | 0.308 | 0.366 | 0.478 | 0.447 | 0.348 | 0.419 | 0.365 | 1.137 | 1.067 | 0.494 |
| 邢台市 | 0.247 | 0.263 | 0.248 | 0.233 | 0.199 | 0.222 | 0.243 | 0.287 | 0.280 | 0.243 |
| 邯郸市 | 0.269 | 0.264 | 0.258 | 0.251 | 0.207 | 0.209 | 0.211 | 0.215 | 0.203 | 0.234 |
| **京津冀** | **0.383** | **0.512** | **0.445** | **0.449** | **0.422** | **0.429** | **0.374** | **0.437** | **0.481** | **0.437** |
| 上海市 | 1.029 | 1.009 | 1.011 | 1.007 | 0.423 | 0.337 | 0.367 | 0.405 | 0.519 | 0.701 |
| 南京市 | 0.379 | 0.371 | 0.367 | 0.354 | 0.385 | 0.443 | 0.448 | 1.005 | 1.011 | 0.483 |
| 无锡市 | 0.678 | 0.707 | 0.565 | 1.005 | 1.001 | 1.001 | 1.003 | 1.014 | 1.020 | 0.870 |
| 常州市 | 0.364 | 0.386 | 0.414 | 0.399 | 0.408 | 0.420 | 0.404 | 0.409 | 0.462 | 0.403 |
| 苏州市 | 0.701 | 1.009 | 1.001 | 1.003 | 0.403 | 0.448 | 0.432 | 0.533 | 0.619 | 0.663 |
| 南通市 | 0.341 | 0.372 | 0.368 | 0.369 | 0.393 | 0.411 | 0.407 | 0.426 | 0.464 | 0.389 |
| 扬州市 | 0.447 | 0.501 | 0.530 | 0.485 | 0.447 | 0.492 | 0.500 | 0.497 | 0.496 | 0.484 |
| 镇江市 | 0.480 | 0.573 | 0.522 | 0.457 | 0.454 | 0.481 | 0.473 | 0.493 | 0.486 | 0.495 |
| 泰州市 | 0.396 | 0.390 | 0.402 | 0.397 | 0.402 | 0.450 | 0.430 | 0.434 | 0.451 | 0.414 |
| 盐城市 | 0.409 | 0.363 | 0.390 | 0.358 | 0.332 | 0.349 | 0.323 | 0.332 | 0.352 | 0.364 |
| 杭州市 | 0.387 | 0.394 | 0.386 | 0.379 | 0.368 | 0.380 | 0.394 | 0.391 | 0.433 | 0.388 |
| 宁波市 | 0.367 | 0.399 | 0.413 | 0.395 | 0.386 | 0.392 | 0.377 | 0.382 | 0.411 | 0.391 |
| 温州市 | 0.400 | 0.397 | 0.379 | 0.358 | 0.377 | 0.389 | 0.388 | 0.378 | 0.419 | 0.388 |
| 嘉兴市 | 0.355 | 0.379 | 0.368 | 0.357 | 0.344 | 0.360 | 0.381 | 0.360 | 0.383 | 0.363 |
| 湖州市 | 0.389 | 0.504 | 0.495 | 0.489 | 0.436 | 0.483 | 0.507 | 0.487 | 0.485 | 0.472 |
| 绍兴市 | 0.394 | 0.447 | 0.421 | 0.407 | 0.399 | 0.386 | 0.400 | 0.388 | 0.414 | 0.408 |
| 舟山市 | 1.065 | 1.109 | 1.119 | 1.081 | 1.073 | 1.120 | 1.165 | 1.145 | 1.142 | 1.110 |
| 台州市 | 0.416 | 0.716 | 1.024 | 0.551 | 0.454 | 0.506 | 0.476 | 0.513 | 0.493 | 0.590 |
| 金华市 | 0.430 | 0.480 | 0.485 | 0.447 | 0.410 | 0.437 | 0.440 | 0.422 | 0.427 | 0.440 |
| 合肥市 | 0.379 | 1.035 | 1.013 | 0.350 | 0.345 | 0.449 | 0.391 | 0.396 | 0.400 | 0.538 |
| 芜湖市 | 0.511 | 0.555 | 0.585 | 0.528 | 0.400 | 0.427 | 0.429 | 0.439 | 0.446 | 0.482 |
| 滁州市 | 0.544 | 0.690 | 1.015 | 0.496 | 0.385 | 0.461 | 0.463 | 0.485 | 0.480 | 0.579 |
| 马鞍山市 | 0.660 | 0.680 | 0.640 | 0.539 | 0.407 | 0.449 | 0.478 | 0.480 | 0.484 | 0.527 |
| 铜陵市 | 1.194 | 1.117 | 1.120 | 1.110 | 1.084 | 1.104 | 1.124 | 1.139 | 1.117 | 1.125 |
| 池州市 | 1.079 | 1.116 | 1.068 | 1.073 | 1.050 | 1.101 | 1.100 | 1.112 | 1.107 | 1.082 |
| 安庆市 | 0.720 | 1.027 | 0.738 | 0.463 | 0.376 | 0.494 | 0.446 | 0.456 | 0.442 | 0.579 |

续表

| 城市 | "十一五"时期 | | | "十二五"时期 | | | "十三五"时期 | | | 均值 |
|---|---|---|---|---|---|---|---|---|---|---|
| | 2006年 | 2008年 | 2010年 | 2011年 | 2013年 | 2015年 | 2016年 | 2017年 | 2018年 | |
| 宣城市 | 0.638 | 1.129 | 1.083 | 0.453 | 1.067 | 0.518 | 0.520 | 0.519 | 0.507 | 0.735 |
| **长三角** | **0.561** | **0.661** | **0.664** | **0.567** | **0.519** | **0.529** | **0.528** | **0.557** | **0.573** | **0.573** |
| 广州市 | 1.007 | 1.008 | 1.014 | 1.009 | 1.033 | 1.021 | 1.016 | 1.008 | 1.012 | 1.014 |
| 深圳市 | 1.168 | 1.336 | 1.540 | 1.579 | 1.588 | 1.508 | 1.314 | 1.432 | 1.509 | 1.440 |
| 珠海市 | 1.091 | 1.060 | 1.088 | 1.045 | 1.097 | 1.070 | 1.045 | 1.035 | 1.056 | 1.066 |
| 东莞市 | 0.431 | 0.467 | 0.420 | 0.429 | 0.424 | 0.425 | 0.459 | 0.460 | 1.006 | 0.483 |
| 中山市 | 0.554 | 0.602 | 0.565 | 0.635 | 0.553 | 0.547 | 0.596 | 1.003 | 1.018 | 0.636 |
| 江门市 | 0.572 | 0.596 | 0.534 | 0.524 | 0.454 | 0.478 | 0.506 | 0.558 | 0.496 | 0.520 |
| 肇庆市 | 1.235 | 1.161 | 1.104 | 1.063 | 0.484 | 0.509 | 0.613 | 1.029 | 0.465 | 0.890 |
| 佛山市 | 0.568 | 0.564 | 1.010 | 1.017 | 1.006 | 1.023 | 1.024 | 1.022 | 1.039 | 0.914 |
| 惠州市 | 1.138 | 1.012 | 1.006 | 0.433 | 0.398 | 0.451 | 0.440 | 0.429 | 0.428 | 0.668 |
| **珠三角** | **0.863** | **0.867** | **0.920** | **0.859** | **0.782** | **0.781** | **0.779** | **0.886** | **0.892** | **0.848** |
| **三大城市群** | **0.569** | **0.660** | **0.653** | **0.589** | **0.541** | **0.549** | **0.534** | **0.586** | **0.607** | **0.587** |

资料来源：通过 Max DEA 计算得出。

从总体上来看，2006~2018 年中国三大城市群 49 个城市节能减排效率整体处于较低水平，大部分城市在研究期间节能减排效率均小于 1，处于非 DEA 有效状态。中国三大城市群 49 个城市在研究期间节能减排效率均值为 0.587，仅达到最优水平的 58.7%，距离效率前沿面较远。从时序变动来看，三大城市群节能减排效率在研究期间整体呈波动上升趋势，效率值由 2006 年的 0.569 上升至 2018 年的 0.607，上升幅度并不大。值得注意的是，2016 年三大城市群效率均值降至研究期间的最低水平，其值为 0.534，与 DEA 效率最优水平相比尚存在 46.6%的提升空间。究其原因，主要是京津冀城市群 2016 年节能减排效率处于较低水平，效率值仅为 0.374。一方面，自 2015 年京津冀协同发展战略实施以来，河北省各市承接了大量来自京津两地的高污染行业，在一定程度上造成 2015~2016 年节能减排效率的下降；另一方面，由于污染物排放超过环境承载能力，导致节能减排效率的不断下降[99]。但近年来随着政府对环境治理的重视以及各种环境规制工具的应用，2017~2018 年三大城市群节能减排效率得到了较大幅度的提升。在

研究期间，京津冀、长三角、珠三角城市群节能减排效率均值分别为0.437、0.573、0.848，均没有达到有效的生产前沿面，这说明中国三大城市群仍具有巨大的节能减排空间和潜力。

从城市群层面来看，京津冀、长三角、珠三角城市群在研究期间效率均值分别为0.437、0.573、0.848，整体上呈现“珠三角>长三角>京津冀”的发展格局，即珠三角城市群节能减排效率最高，长三角城市群次之，京津冀城市群节能减排效率最低，这一结论与大多数学者的研究结论一致[92,157]。造成三大城市群节能减排效率发展差异的原因与各城市群发展状况有关。珠三角和长三角城市群节能减排效率较高主要得益于政策的优越性。这两个城市群都走在了中国改革的前列，凭借各自的产业优势和发展特点，在工业化进程和城镇化发展中取得了重要的突破。不仅如此，长三角城市群也是中国最早形成大都市圈的地区，经济腹地较广，产业基础及科技实力都远远高于京津冀城市群。而珠三角城市群作为我国开放程度最高、经济活力最强的区域之一，在能源利用、减排技术等方面都优于京津冀城市群。相比而言，京津冀城市群发展起步较晚，并且在发展进程中面临诸如大城市病、空气污染、产业结构分布不合理等问题，在一定程度上导致节能减排效率远低于长三角和珠三角城市群。

从城市层面来看，城市间节能减排效率存在显著差异。49个城市在研究期间，只有深圳、铜陵、舟山、池州、北京、珠海和广州7个城市每年均处于效率前沿面，节能减排效率值大于1，说明这些城市在控制能源消费和污染物减排方面取得了显著成效，是其他城市的学习标杆。佛山、肇庆、无锡、宣城、上海在研究期间的多数年份均位于效率前沿面上，有相对较高的节能减排效率水平。但是大多数城市节能减排效率处于较低水平，研究期间效率均值低于0.5的城市占比达到51.02%，其中，保定、石家庄、邢台、邯郸的效率值均值更是低于0.3，并且这些城市均属于京津冀城市群，这从侧面反映出京津冀城市群节能减排任务的紧迫性。因此，在今后的工作中应将这些低效率城市及京津冀城市群作为节能减排效率提升的重点城市及关键区域。为识别三大城市群49个城市在研究期间的节能减排表现，笔者对2006~2018年三大城市群节能减排效率处于生产前沿面的城市数量进行统计分析，如图 3-3 所示。

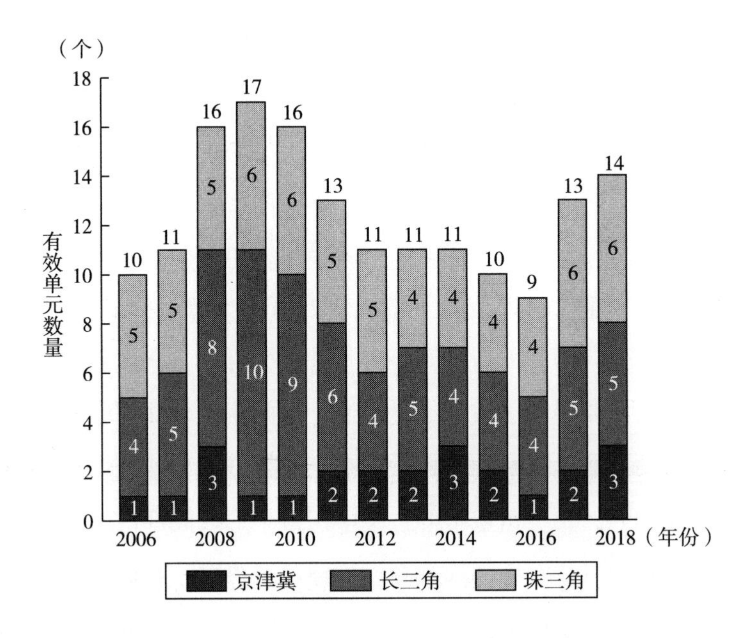


**图 3-3　2006~2018 年三大城市群节能减排效率有效单元数量**

资料来源：笔者整理绘制而成。

在研究期间，三大城市群节能减排效率处于生产前沿面的城市总量在 9~17 个之间波动，整个研究期间呈现“先上升—后下降—再上升”的发展趋势。其中，下降期处于“十二五”时期，与三大城市群节能减排效率变动趋势保持一致，这主要是由于这一时期中国工业化和城市化发展进程加快，带来资源能源的巨大消费，从而导致有效城市数量减少。相比于 2006 年，2018 年有效城市数量共增加 4 个，DMU 有效数量总计达到 14 个，其中，廊坊、衡水、南京、无锡、东莞、中山、佛山在 2006 年处于非有效 DEA 状态，但在 2018 年处于 DEA 有效状态，说明这些城市在研究期间的节能减排工作取得了一定的成效。然而，也有一些城市节能减排效果欠佳，上海、肇庆、惠州 3 个城市在 2006 年的效率值均大于 1，但是 2018 年却远离生产前沿面。通过分析原始投入产出数据，发现 2018 年上海的能源消费总量在 49 个城市中是最高的，并且上海的工业废水排放量、工业 $SO_2$ 排放量、工业烟（粉）尘排放量在 49 个城市中相对而言也处于较

高水平。与北京相比，上海在2018年能源消费总量均值达到10359.24万吨标准煤，是北京能源消费总量的1.5倍，工业废水排放量、工业$SO_2$排放量、工业烟（粉）尘排放量更是北京的3.5倍、5.9倍、1.1倍，因此2018年上海远离效率前沿面。同样，肇庆和惠州的投入产出也存在不合理性，这两个城市远离效率前沿面主要是建成区绿化覆盖率较低，污染物排放量较为严重导致的。这些城市在今后的发展中应积极探索造成节能减排效率降低的原因，寻求适合城市经济增长与资源环境可持续发展的路径。

### 三、节能减排效率发展阶段特征分析

从中国三大城市群节能减排效率历年变动趋势来看（见图3-4），京津冀、长三角、珠三角城市群节能减排效率整体呈现波动上升趋势。其中，京津冀城市群节能减排效率呈现“锯齿型”波动上升趋势，而长三角和珠三角城市群作为中国经济的两个增长极，节能减排效率变动具备相似的特征，整体呈现“S”形波动上升趋势。从时序变动来看，三大城市群节能减排效率整体经历了以下三

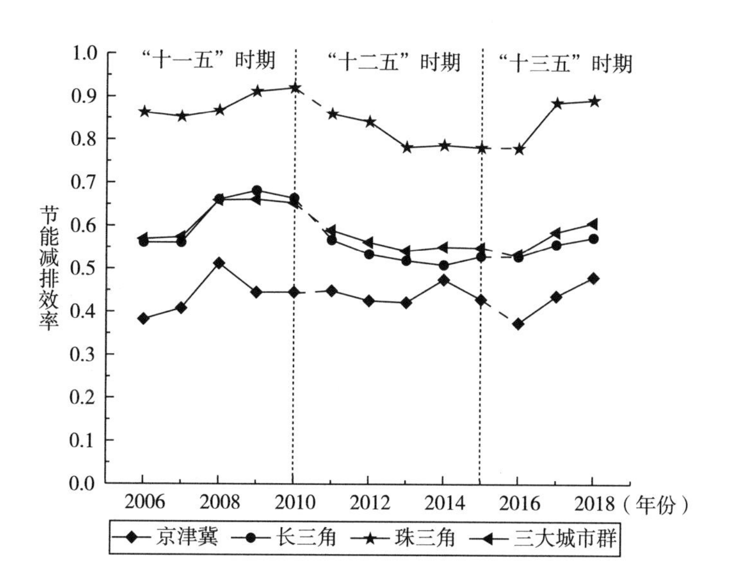


**图3-4 2006~2018年中国三大城市群节能减排效率变化趋势**

资料来源：笔者整理绘制而成。

个发展阶段：2006~2010 年的快速增长阶段（“十一五”时期）、2011~2015 年的发展调整阶段（“十二五”时期）、2016~2018 年的稳步增长阶段（“十三五”时期）。

2006~2010 年，中国三大城市群节能减排效率整体呈现波动上升趋势，由 2006 年的 0.569 上升至 2018 年的 0.653，年均增长率为 3.49%。其中，京津冀、长三角、珠三角城市群在这一时期节能减排效率也呈现一定程度的增长，年均增长率分别达到 3.87%、4.28%、1.63%，其中长三角城市群节能减排效率增长率最高。这一阶段三大城市群节能减排效率显著上升主要得益于有利的政策环境。“十一五”时期，中国政府出台了一系列节能减排政策，并于 2006 年首次提出单位 GDP 能耗下降 20%左右，主要污染物排放总量减少 10%的节能减排约束性目标。2007 年，国家发展改革委制定《节能减排综合性工作方案》，随后各地政府相继出台具体细则。在一系列节能减排政策的引领下，中国三大城市群节能减排效率在这一阶段得到了显著提升。

2011~2015 年，中国三大城市群节能减排效率波动幅度较大，整体呈现一定的下降态势，年均下降率为 1.76%。这一阶段三大城市群节能减排效率的下降可能与“十二五”时期经济环境发生较大变动有关。“十二五”时期，随着工业化、城镇化进程的加快，中国能源需求呈刚性增长，受资源环境承载力制约，城市群高速发展与资源环境之间的矛盾更加突出，从而导致这一时期节能减排效率的下降。值得注意的是，相比于长三角城市群，京津冀和珠三角城市群节能减排效率呈现较大的波动幅度。这主要是因为京津冀城市群以北京为中心，珠三角城市群是我国重要的出口基地，导致其更容易受到外部环境的影响。而长三角城市群腹地较广，城市群内部发展差异较小，故长三角城市群节能减排效率变化较为平稳。

2016~2018 年，三大城市群节能减排效率呈现稳定快速的增长态势，年均增长率为 6.67%。其中，京津冀、长三角、珠三角城市群在这一时期节能减排效率的年均增长率分别达到 13.32%、4.14%、6.67%，均处于较高水平。三大城市群节能减排效率的显著提升主要得益于这一时期城市群的高质量发展和政策的引

领带动作用。“十三五”时期，随着京津冀协同发展战略、长江三角洲城市群发展规划、粤港澳大湾区发展战略的有序推进与实施，三大城市群节能减排工作取得显著进展，能源利用水平及环境质量得到明显改善。与此同时，政府在这一时期积极推进生态领域的建设发展，大力发展战略性新兴产业，使得三大城市群节能减排效率呈现稳定的增长态势。

## 本章小结

本章以京津冀、长三角、珠三角城市群2006~2018年49个城市为研究对象，采用考虑非期望产出的超效率SBM模型分别测算了不考虑环境收益和考虑环境收益两种情形下中国三大城市群节能减排效率，在此基础上对考虑环境收益情形下三大城市群节能减排效率的总体特征及各发展阶段特征进行分析，以探究三大城市群节能减排效率的整体发展规律。

本章的研究结论对其他城市或城市群节能减排政策制定具有重要的借鉴意义。首先，在节能减排政策制定中要重点关注环境收益对节能减排效率的影响，根据当地环境收益特性对节能减排效率进行科学测评。其次，因地制宜实行差别化的节能减排政策，针对各地资源禀赋条件及节能减排实际情况，制定符合各地发展特征的节能减排政策。最后，在节能减排政策的制定与实施过程中，根据不同阶段节能减排效率的发展规律，对政策进行及时调整。

# 第四章　中国三大城市群节能减排效率动态特征及潜力分析

第三章关于中国三大城市群节能减排效率分析是从静态视角出发的，本章从动态视角出发，采用 Global Malmquist-Luenberger 指数模型对中国三大城市群 49 个城市节能减排效率的动态变化特征及内在驱动因素进行研究。在此基础上，通过构建节能潜力与减排潜力模型，对中国三大城市群 49 个城市的节能潜力与减排潜力进行定量表征，以揭示各城市能源损失及污染物过度排放程度。最后，依据各城市节能与减排表现，提出三大城市群节能减排的实施路径。

## 第一节　研究方法及模型构建

### 一、Global Malmquist-Luenberger 指数模型

第三章关于中国三大城市群节能减排效率的分析是一种静态分析，主要针对某一时间的生产技术而言。当被评价 DMU 数据包含多个时点观测值的面板数据时，Malmquist 全要素生产率指数可以对生产率的变动情况进行分析，技术效率和技术进步可以对生产率变动所起的作用进行分析，即依据面板数据分析决策单

元效率在时间维度上的动态变化趋势，并探求造成这种变化的原因。

Malmquist 指数由 Malmquist 于 1953 年提出[170]。随后 Färe 等对其进行广泛应用，并对 Malmquist 指数进行了改进。Färe 等对 Malmquist 指数的贡献主要体现在两个方面：一是 Färe 等于 1992 年提出将被评价 DMU 的 Malmquist 指数分解为两个时期内的技术效率变化（Technical Efficiency Change，EC）和生产技术变化（Technological Change，TC）；二是对 Malmquist 指数的距离函数进行了改进[171-175]。最初 Malmquist 指数使用 Shephard 线性产出距离函数表示技术有效性，具体表达式如下：

$$D_0(x, y, b) = \inf\{\theta : ((y, b)/\theta) \in P(x)\} \tag{4.1}$$

Shephard 产出距离函数表示尽可能多地成比例地扩大期望产出和非期望产出。也就是说，没有对期望产出和非期望产出进行区分，二者是同比例增长的。但是在实际生产过程中，生产者却总是希望可以在扩大期望产出的同时减少非期望产出。鉴于此，Chung 等于 1997 年提出方向性距离函数，并与 Malmquist 指数模型进行结合，得到 Malmquist-Luenberger（ML）指数模型[176]。与 Shephard 线性产出函数相比，方向性函数可以根据给定的方向非对称地处理期望产出和非期望产出，从而在增加期望产出的同时减少非期望产出，具体表达式如下：

$$\vec{D}_0(x, y, b; g) = \sup\{\beta : (y, b) + \beta g \in P(x)\} \tag{4.2}$$

其中，$g$ 为调整产出的方向向量。当 $g = (y, -b)$ 时，表示增加期望产出，减少非期望产出。Chung 等提出的 ML 指数模型有两方面的缺陷：一是该模型存在无可行解的问题；二是该模型是基于相邻前沿交叉参比进行计算的，相邻参比的 Malmquist 指数不具备可传递性。为了避免上述问题，Oh 提出了 Global Malmquist-Luenberger（GML）指数模型，该模型是基于全局参比进行计算的，以所有各期的总和作为参考集，被评价 DMU 肯定在全局参考总集内，所以 GML 指数模型不存在模型无界的情况[177]。同时，由于各期参考的是共同的全局前沿，因此全局参比的 GML 指数模型也具备可传递性，即具备“可累乘”特征。鉴于此，笔者将采用 GML 指数模型分析中国三大城市群节能减排效率的动态特征，并将其进一步分解为技术效率指数（EC）和技术进步指数（TC）的乘积，以探究中国三大城市群节能减排效率变动的内在驱动因素。GML 指数及其分解可以表示为：

$$GML^{t,t+1}=\frac{1+\vec{D}_0^G(x^t,\ y^t,\ b^t;\ g)}{1+\vec{D}_0^G(x^{t+1},\ y^{t+1},\ b^{t+1};\ g)} \tag{4.3}$$

$$GML^{t,t+1}=GMLEC^{t,t+1}\times GMLTC^{t,t+1} \tag{4.4}$$

$$GMLEC^{t,t+1}=\frac{1+\vec{D}_0^t(x^t,\ y^t,\ b^t;\ g)}{1+\vec{D}_0^{t+1}(x^{t+1},\ y^{t+1},\ b^{t+1};\ g)} \tag{4.5}$$

$$GMLTC^{t,t+1}=\frac{1+\vec{D}_0^G(x^t,\ y^t,\ b^t;\ g)}{1+\vec{D}_0^t(x^t,\ y^t,\ b^t;\ g)}\times\frac{1+\vec{D}_0^{t+1}(x^{t+1},\ y^{t+1},\ b^{t+1};\ g)}{1+\vec{D}_0^G(x^{t+1},\ y^{t+1},\ b^{t+1};\ g)} \tag{4.6}$$

其中，$D_0^G(\cdot)$为全局方向性距离函数，笔者将其设定为 $g=(y,\ -b)$，即保证期望产出最大化的同时最大程度地减少非期望产出；$EC$ 表示技术效率变化，反映 DMU 对生产前沿面的“追赶效应”，主要指通过相关管理技术改善及政策制度改革有效提升资源配置效率，进而改善实际生产状况，实现向“最佳实践者”的靠近。若 $EC>1$，表示节能减排效率较上一期有所提高，反之则表示节能减排效率较上一期有所下降；$TC$ 表示技术进步变化，反映生产前沿面的移动，主要指通过技术创新或引进先进生产技术等手段，实现生产潜力边界的转移。该数值可以有效表示生产前沿面的移动对节能减排效率变化的贡献程度，若 $TC>1$，代表技术进步，反之则表示技术退步；通过 GML 指数模型可以动态地对中国三大城市群节能减排效率变化特征及驱动因素进行分析。

## 二、节能减排潜力测算模型

由第三章分析可知，中国三大城市群 49 个城市节能减排效率整体处于较低水平，各城市存在不同程度的能源损失及污染物的过度排放。为深入探究各城市能源损失量及污染物过度排放程度，笔者参照相关学者的研究思路[25,90,178]，分别构建节能潜力测算模型与减排潜力测算模型（见图 4-1），对中国三大城市群

49 个城市的节能潜力与减排潜力进行测算。

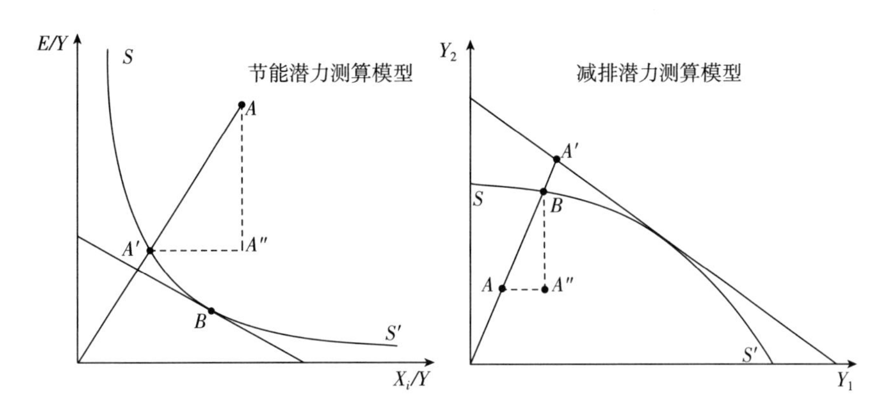


**图 4-1　节能潜力与减排潜力测算模型**

资料来源：笔者整理绘制而成。

在图 4-1 节能潜力测算模型中，$SS'$是单位化的等产量曲线，投入要素包含能源消费及其他要素（资本投入和劳动力投入），生产前沿面上的 $A'$点、$B$ 点表示有效率的决策单元，而在生产前沿面上方的 $A$ 点表示非经济有效的生产单元（即 $A$ 点存在效率的损失），$A'$点表示技术有效，$B$ 点表示帕累托最优点。从 $A$ 点到 $A'$点可以达到技术有效，而在 $A'$点可以继续减少能源投入达到帕累托最优有效点 $B$ 点。因此，$A$ 点的能源投入无效包括两部分：一部分是由于技术无效导致的投入资源过量 $AA'$，其中能源过度投入量为 $AA''$；另一部分是由于配置不当导致的松弛量 $A'B$。因此，无效率点 $A$ 相对于帕累托最优点 $B$ 过度投入的能源量为 $AA''+A'B$，也可以看作无效率点 $A$ 可以实现的节能量，记为 $LEI_{it}$。据此可以得出城市 $i$ 在 $t$ 时期的节能潜力，记为 $PEC_{it}$（Potential of Energy Conservation），具体表达式如下：

$$PEC_{it}=\frac{LEI_{it}}{E_{it}}=\frac{E_{it}-TEI_{it}}{E_{it}} \tag{4.7}$$

其中，$TEI_{it}$ 表示城市 $i$ 在 $t$ 时期最优生产前沿面上目标点的能源投入；$E_{it}$ 表示第 $i$ 个城市在 $t$ 时期实际能源投入总量；$LEI_{it}$ 为城市 $i$ 在 $t$ 时期相对于最优生产前沿过度投入的能源量，即可实现的节能量。$PEC_{it}$ 的值越高，说明生产过程中能源投入的无效损失越大，意味着该城市的节能潜力越大。

在图 4-1 减排潜力测算模型中，$SS'$是生产可能性边界，产出包括期望产出 $Y_1$ 和非期望产出 $Y_2$。$A$ 点表示非经济有效的生产单元，$B$ 点表示技术有效，$A'$点表示帕累托最优点。$A$ 点参照 $A'$点的产出损失包含两部分：一部分是由于技术无效导致的产出不足 $AB$，其中非期望产出应减少 $BA''$；另一部分是由于配置不当导致的松弛量 $BA'$。因此，无效率点 $A$ 相对于帕累托最优点 $A'$可以实现的非期望产出的减排量为 $BA''+BA'$，记为 $APR$。据此可以测算得出城市 $i$ 在 $t$ 时期的减排潜力 $PER_{it}$（Potential of Emission Reduction），具体表达式如下：

$$PER_{it}=\frac{APR_{it}}{AE_{it}}==\frac{AE_{it}-TE_{it}}{AE_{it}} \tag{4.8}$$

其中，$TE_{it}$ 表示城市 $i$ 在 $t$ 时期生产前沿面上目标点的污染物排放量；$AE_{it}$ 表示城市 $i$ 在 $t$ 时期实际污染物排放量；$APR_{it}$ 为城市 $i$ 在 $t$ 时期相对于最优生产前沿可实现的减排量。$PER_{it}$ 数值越高，说明污染物过度排放越严重，减排潜力越大。

## 第二节 中国三大城市群节能减排效率动态特征分析

### 一、两种模型下节能减排效率动态特征对比分析

为深入分析中国三大城市群 49 个城市节能减排效率的动态变动趋势及内在驱动因素，笔者通过 GML 指数模型及分解方法，从技术效率指数变化（EC）和技术进步指数变化（TC）两方面对 2006~2018 年中国三大城市群 49 个城市节能减排效率动态特征及驱动因素进行分析。为验证 GML 指数模型的适用性，笔者同时采用 ML 指数模型对中国三大城市群 49 个城市节能减排效率的动态特征进行测算，两种方法的计算结果如表 4-1 所示。需要说明的是，GML 指数或 ML 指

数反映的是节能减排效率随时间推移的变动趋势，学者们一般将其称为全要素生产率，故本书的后续研究中也将其称为全要素生产率。

表 4-1　2006~2018 年中国三大城市群 GML 指数及 ML 指数变化

| 年份 | GML | EC | TC | ML | EC | TC |
|---|---|---|---|---|---|---|
| 2006~2007 | 1.000 | 1.006 | 0.994 | 1.043 | 1.006 | 1.037 |
| 2007~2008 | 0.983 | 1.155 | 0.851 | 1.066 | 1.155 | 0.923 |
| 2008~2009 | 0.976 | 0.998 | 0.979 | 1.054 | 0.998 | 1.056 |
| 2009~2010 | 1.040 | 0.985 | 1.056 | 1.126 | 0.985 | 1.144 |
| 2010~2011 | 0.974 | 0.897 | 1.086 | 1.084 | 0.897 | 1.208 |
| 2011~2012 | 1.014 | 0.951 | 1.066 | 1.069 | 0.951 | 1.124 |
| 2012~2013 | 1.008 | 0.953 | 1.058 | 1.051 | 0.953 | 1.102 |
| 2013~2014 | 0.983 | 1.021 | 0.963 | 1.049 | 1.021 | 1.027 |
| 2014~2015 | 1.005 | 1.009 | 0.996 | 1.045 | 1.009 | 1.036 |
| 2015~2016 | 1.107 | 0.981 | 1.128 | 1.191 | 0.981 | 1.213 |
| 2016~2017 | 1.138 | 1.082 | 1.052 | 1.134 | 1.082 | 1.049 |
| 2017~2018 | 1.083 | 1.038 | 1.043 | 1.051 | 1.038 | 1.013 |
| 均值 | 1.025 | 1.004 | 1.020 | 1.079 | 1.004 | 1.075 |

注：表中数据是相应指标在不同时段内的几何平均值，由于只保留了三位小数，因此表中 EC 与 TC 的乘积在数值上大体等于 ML 指数，下表同。

资料来源：通过 Max DEA 计算得出。

通过对比两种情形下的计算结果，发现中国三大城市群 ML 指数在大多数年份均大于 GML 指数，这主要是因为 ML 指数模型参考的是上一期的前沿面，而 GML 指数模型是以整个研究期的总和作为参考集的，这在一定程度上就会造成 ML 指数模型对结果的高估。通过对比各时期 ML 指数与 GML 指数的变化，发现 ML 指数在研究期间所有年份的值均大于 1，这与中国三大城市群节能减排效率变动的实际情况有一定的出入。因此，后文将重点依据 GML 指数模型下的计算结果，对中国三大城市群 49 个城市节能减排效率的动态特征进行深入分析。

## 二、节能减排效率动态特征及驱动因素分析

### （一）节能减排效率动态特征分析

按照第三章关于节能减排效率发展阶段的划分，本节对中国三大城市群 49

个城市的全要生产率指数（GML）、技术效率指数（EC）、技术进步指数（TC）进行分析（因篇幅有限，“十二五”时期在此不进行汇报），结果如表 4-2 所示。

**表 4-2　中国三大城市群 GML 指数变化及其来源分解**

| 城市 | “十一五”时期 | | | “十三五”时期 | | | 整个研究期 | | |
|---|---|---|---|---|---|---|---|---|---|
| | GML | EC | TC | GML | EC | TC | GML | EC | TC |
| 北京市 | 0.962 | 1.020 | 0.943 | 1.264 | 0.961 | 1.315 | 1.069 | 1.002 | 1.067 |
| 天津市 | 0.986 | 1.004 | 0.982 | 1.057 | 0.966 | 1.094 | 1.009 | 0.988 | 1.022 |
| 石家庄市 | 0.996 | 1.000 | 0.996 | 1.033 | 0.998 | 1.035 | 1.017 | 0.996 | 1.021 |
| 承德市 | 1.026 | 1.073 | 0.956 | 1.017 | 0.721 | 1.409 | 1.032 | 1.025 | 1.007 |
| 张家口市 | 0.950 | 0.991 | 0.959 | 1.091 | 1.017 | 1.073 | 1.009 | 1.004 | 1.004 |
| 秦皇岛市 | 1.036 | 1.101 | 0.941 | 1.173 | 1.105 | 1.062 | 1.015 | 1.015 | 1.000 |
| 唐山市 | 0.980 | 1.023 | 0.958 | 1.011 | 0.977 | 1.035 | 0.990 | 0.985 | 1.006 |
| 廊坊市 | 1.007 | 1.038 | 0.970 | 1.459 | 1.365 | 1.069 | 1.088 | 1.073 | 1.015 |
| 保定市 | 1.016 | 1.033 | 0.983 | 1.104 | 1.042 | 1.060 | 1.018 | 1.001 | 1.016 |
| 沧州市 | 1.016 | 1.067 | 0.952 | 1.029 | 0.990 | 1.039 | 0.974 | 0.960 | 1.014 |
| 衡水市 | 1.064 | 1.116 | 0.954 | 1.494 | 1.366 | 1.094 | 1.124 | 1.109 | 1.014 |
| 邢台市 | 0.976 | 1.001 | 0.975 | 1.114 | 1.081 | 1.031 | 1.011 | 1.010 | 1.001 |
| 邯郸市 | 0.968 | 0.990 | 0.977 | 1.023 | 0.989 | 1.034 | 0.983 | 0.977 | 1.006 |
| **京津冀** | **0.998** | **1.034** | **0.965** | **1.134** | **1.032** | **1.099** | **1.025** | **1.010** | **1.015** |
| 上海市 | 1.059 | 0.996 | 1.064 | 1.169 | 1.154 | 1.013 | 1.056 | 0.944 | 1.118 |
| 南京市 | 1.018 | 0.992 | 1.027 | 1.439 | 1.317 | 1.093 | 1.125 | 1.085 | 1.037 |
| 无锡市 | 1.033 | 0.955 | 1.082 | 1.381 | 1.006 | 1.372 | 1.110 | 1.035 | 1.073 |
| 常州市 | 1.039 | 1.033 | 1.006 | 1.078 | 1.032 | 1.045 | 1.046 | 1.020 | 1.025 |
| 苏州市 | 1.031 | 1.093 | 0.943 | 1.228 | 1.114 | 1.103 | 1.072 | 0.990 | 1.083 |
| 南通市 | 1.021 | 1.020 | 1.001 | 1.089 | 1.041 | 1.046 | 1.053 | 1.026 | 1.026 |
| 扬州市 | 1.032 | 1.043 | 0.989 | 1.054 | 1.002 | 1.052 | 1.024 | 1.009 | 1.015 |
| 镇江市 | 1.017 | 1.021 | 0.996 | 1.050 | 1.003 | 1.047 | 1.020 | 1.001 | 1.019 |
| 泰州市 | 0.983 | 1.004 | 0.979 | 1.055 | 1.000 | 1.055 | 1.024 | 1.011 | 1.013 |
| 盐城市 | 0.967 | 0.988 | 0.979 | 1.044 | 1.003 | 1.041 | 1.008 | 0.988 | 1.021 |
| 杭州市 | 1.013 | 0.999 | 1.014 | 1.081 | 1.045 | 1.034 | 1.038 | 1.009 | 1.028 |
| 宁波市 | 1.049 | 1.030 | 1.019 | 1.056 | 1.016 | 1.039 | 1.040 | 1.009 | 1.031 |
| 温州市 | 0.989 | 0.987 | 1.002 | 1.093 | 1.025 | 1.066 | 1.023 | 1.004 | 1.019 |
| 嘉兴市 | 1.013 | 1.009 | 1.004 | 1.060 | 1.022 | 1.038 | 1.027 | 1.006 | 1.021 |

续表

| 城市 | "十一五"时期 | | | "十三五"时期 | | | 整个研究期 | | |
|---|---|---|---|---|---|---|---|---|---|
| | GML | EC | TC | GML | EC | TC | GML | EC | TC |
| 湖州市 | 1.053 | 1.062 | 0.991 | 1.038 | 1.001 | 1.036 | 1.025 | 1.018 | 1.007 |
| 绍兴市 | 1.012 | 1.016 | 0.995 | 1.058 | 1.024 | 1.034 | 1.023 | 1.004 | 1.019 |
| 舟山市 | 1.027 | 1.012 | 1.015 | 1.086 | 1.006 | 1.079 | 1.011 | 1.006 | 1.005 |
| 台州市 | 1.155 | 1.253 | 0.922 | 1.055 | 0.992 | 1.064 | 1.038 | 1.014 | 1.023 |
| 金华市 | 1.015 | 1.030 | 0.986 | 1.040 | 0.993 | 1.047 | 1.018 | 0.999 | 1.018 |
| 合肥市 | 1.065 | 1.278 | 0.833 | 1.057 | 0.963 | 1.098 | 1.028 | 1.004 | 1.023 |
| 芜湖市 | 0.983 | 1.034 | 0.951 | 1.067 | 1.015 | 1.051 | 0.992 | 0.989 | 1.004 |
| 滁州市 | 0.918 | 1.169 | 0.786 | 1.145 | 1.014 | 1.129 | 1.005 | 0.990 | 1.015 |
| 马鞍山市 | 0.999 | 0.992 | 1.007 | 1.069 | 1.026 | 1.042 | 0.988 | 0.975 | 1.014 |
| 铜陵市 | 0.971 | 0.984 | 0.987 | 1.118 | 1.004 | 1.113 | 0.992 | 0.994 | 0.998 |
| 池州市 | 0.994 | 0.997 | 0.997 | 1.076 | 1.002 | 1.075 | 0.998 | 1.002 | 0.996 |
| 安庆市 | 0.878 | 1.006 | 0.872 | 1.078 | 0.964 | 1.118 | 0.983 | 0.960 | 1.024 |
| 宣城市 | 1.090 | 1.141 | 0.955 | 1.100 | 0.993 | 1.108 | 1.037 | 0.981 | 1.057 |
| **长三角** | **1.014** | **1.040** | **0.976** | **1.102** | **1.027** | **1.074** | **1.029** | **1.002** | **1.027** |
| 广州市 | 1.047 | 1.002 | 1.045 | 1.265 | 0.997 | 1.269 | 1.090 | 1.000 | 1.089 |
| 深圳市 | 1.108 | 1.071 | 1.034 | 1.073 | 1.000 | 1.073 | 1.051 | 1.022 | 1.029 |
| 珠海市 | 0.945 | 1.000 | 0.946 | 1.072 | 0.996 | 1.077 | 0.998 | 0.997 | 1.000 |
| 东莞市 | 1.002 | 0.993 | 1.008 | 1.052 | 1.333 | 0.789 | 1.023 | 1.073 | 0.953 |
| 中山市 | 0.992 | 1.005 | 0.987 | 1.092 | 1.230 | 0.888 | 1.024 | 1.052 | 0.974 |
| 江门市 | 0.962 | 0.983 | 0.979 | 1.070 | 1.012 | 1.057 | 1.001 | 0.988 | 1.013 |
| 肇庆市 | 0.816 | 0.972 | 0.839 | 0.999 | 0.970 | 1.030 | 0.927 | 0.922 | 1.006 |
| 佛山市 | 1.024 | 1.155 | 0.887 | 1.234 | 1.005 | 1.228 | 1.078 | 1.052 | 1.025 |
| 惠州市 | 0.780 | 0.970 | 0.805 | 1.025 | 0.983 | 1.043 | 0.922 | 0.922 | 1.000 |
| **珠三角** | **0.959** | **1.015** | **0.944** | **1.095** | **1.052** | **1.041** | **1.011** | **1.002** | **1.009** |
| **三大城市群** | **1.000** | **1.034** | **0.967** | **1.109** | **1.033** | **1.074** | **1.025** | **1.004** | **1.020** |

资料来源：根据 Max DEA 计算结果整理所得。

从总体上来看，2006~2018 年中国三大城市群大多数城市 GML 指数均大于 1，表明三大城市群的 49 个城市节能减排效率在研究期间整体呈现增长趋势。从表 4-2 可以发现，中国三大城市群"十三五"时期的全要素生产率增长速度明显快于"十一五"时期的，说明我国三大城市群节能减排工作在研究期内取得了一定成效。从三大城市群全要素生产率增长动力来源看，技术进步对三大城市群全要素生产率的贡献明显大于技术效率对其的贡献。2006～2018 年，三大城市群全要素生产率以 2.5%的比率增长，其中，技术效率贡献了 0.4%，而技术进步却贡献了 2.0%，表明中国三大城市群全要素生产率增长的主要动力来源是技术进步。为了更直观地描述不同发展阶段三大城市群全要素生产率指数及其分解的动态变化特征，分别绘制三大城市群 GML 指数、EC 指数及 TC 指数在各年度的平均变化趋势，如图 4-2 所示。

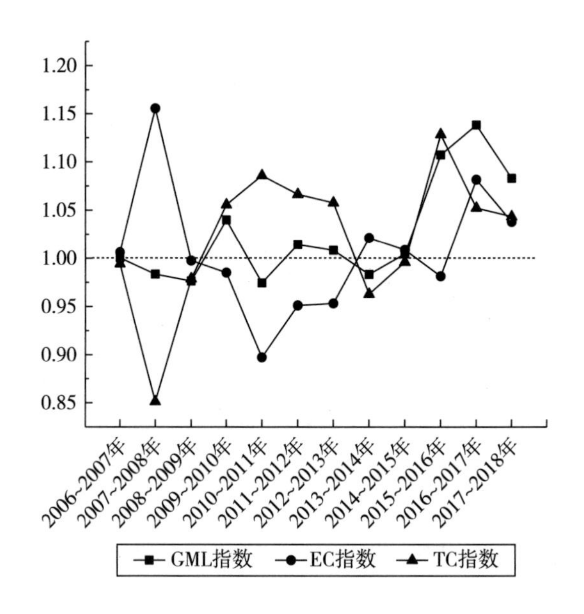


**图 4-2　2006～2018 年中国三大城市群 GML 指数、EC 指数及 TC 指数变动趋势**

资料来源：笔者整理绘制而成。

从时序变化来看，三大城市群全要素生产率在研究期间大部分年份的均值大于 1，整体呈现波动上升趋势，下降阶段主要出现在“十一五”时期的 2008 年前后及“十二五”时期，其中 2007～2008 年、2008～2009 年 GML 指数分别下降 1.69%、0.72%，而“十二五”时期，除 2011～2012 年 GML 指数较上一时段保持增长外，其余年度 GML 指数均呈现一定程度的下降，2010～2011 年三大城市群全要素生产率下降率达到 6.30%，在整个研究期下降率最高。2008 年三大城

市群全要素生产率下降与国际金融危机爆发有重要关系，为了积极应对国际金融危机的影响，政府采取了一系列扩大内需与刺激经济发展的相关政策，一些企业为了短期盈利放弃绿色发展，转而回归到粗放式生产的老路，在一定程度上造成节能减排效率的损失。而“十二五”时期，各城市加快工业化、城镇化发展步伐，在一定程度上使得城市群发展与资源环境之间的矛盾加剧，从而使得三大城市群节能减排效率出现负增长。与此同时，2014 年全国性的雾霾天气也阻碍了中国节能减排的进一步发展，造成三大城市群全要素生产率指数的下降。

（二）驱动因素分析

从三大城市群全要素生产率增长动力来源看，除 2006~2009 年及 2013~2015 年技术进步指数小于 1 外，其余年份技术进步指数均大于 1，并且技术进步指数远大于技术效率指数，这说明技术进步对中国三大城市群全要素生产率增长的贡献远大于技术效率对其的贡献，也即技术进步是中国三大城市群全要素生产率增长的主要驱动因素，这一结论与大部分学者的研究结论一致[179,180]。从各发展阶段来看，全要素生产率增长的动力来源存在一定差异。从表 4-2 可以发现，“十一五”时期，三大城市群技术效率指数的均值达到 1.304，而技术进步指数均值小于 1，其值为 0.967，说明这一时期中国三大城市群全要素生产率增长的主要驱动因素是技术效率。这从侧面反映出这一时期三大城市群节能减排效率的投入产出规模存在较大的不合理性，资源配置效率较低。但在“十二五”与“十三五”时期，技术进步对三大城市群全要素生产率增长的贡献远大于技术效率的贡献，这一特征在“十三五”时期表现得更加明显。“十三五”时期技术进步对三大城市群全要素生产率增长的贡献高达 7.4%，而“十二五”时期技术进步对其贡献仅为 3.3%。相比于“十二五”时期，“十三五”时期三大城市群在能源利用及减排技术方面都有了较大幅度的提升，因此技术进步对全要素生产率增长的贡献也得到了显著提升。

从城市群层面来看（见图 4-3），2006~2018 年京津冀、长三角、珠三角城市群全要素生产率增长及其分解存在显著差异。在研究期间，除受 2008 年国际金融危机及 2014 年雾霾影响外，三大城市群全要素生产率基本接近 1 或大于 1，这说明三大城市群节能减排效率整体发展较为稳定。其中，长三角城市群全要素生产率增长最大，在研究期间全要素生产率增长均值达到 1.029，其次是京津冀城市群，珠三角城市群全要素生产率增长最小，说明长三角城市群节能减排效率保持较好的发展态势。从时序变化来看，三大城市群 GML 指数在研究期间均呈现上升趋势，京津冀、长三角、珠三角全要素生产率分别提升 8.44%、6.43%、13.73%。相比于京津冀和长三角城市群，珠三角城市群全要素生产率增长得到了较大幅度提升，表明珠三角城市群在研究期间节能减排效率取得了较大进步。从三大城市群全要素生产率增长的驱动因素来看，京津冀、长三角、珠三角城市群在研究期间技术进步指数均值均大于技术效率指数均值，这意味着技术进步是三大城市群全要素生产率增长的主要动力来源。技术进步对京津冀、长三角、珠三角城市群全要素生产率增长的贡献率分别为 1.5%、2.7%、0.9%，技术进步对长三角城市群全要素生产率的提升效果最为明显。

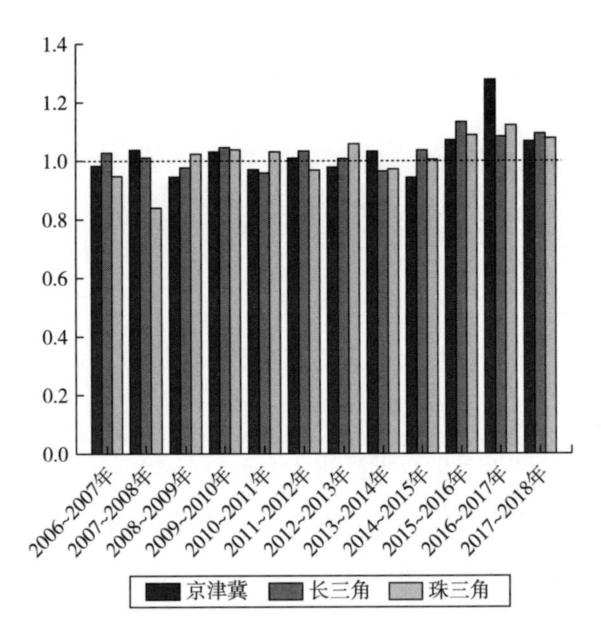


**图 4-3　2006~2018 年中国三大城市群 GML 指数变动情况**

资料来源：笔者整理绘制而成。

从城市层面来看，2006~2018 年大部分城市全要素生产率均值都大于 1，可

见大部分城市的节能减排效率在研究期间均实现了一定程度的增长。全要素生产率小于 1 的城市包含京津冀城市群中的唐山、沧州、邯郸，长三角城市群中的芜湖、马鞍山、铜陵、池州、安庆，珠三角城市群中的珠海、肇庆、惠州。从技术效率指数来看，大部分城市的技术效率指数均小于 1，说明各城市投入产出比例存在不平衡性，有较大的改进空间。相比而言，各城市技术进步指数基本大于 1 或接近 1，说明技术进步对城市全要素生产率增长的贡献大于技术效率。

## 第三节　中国三大城市群节能减排潜力及实施路径分析

### 一、节能潜力与减排潜力分析

由第三章分析结果可以发现，中国三大城市群 49 个城市节能减排效率整体处于较低水平，为深入探究中国三大城市群 49 个城市能源过度消耗量及污染物过度排放量的大小，本节根据前文构建的节能潜力测算模型与减排潜力测算模型，对中国三大城市群 49 个城市 2006~2018 年能源消费的可节能量、污染物排放的可减排量、节能潜力、减排潜力进行计算，具体结果如表 4-3 所示。

**表 4-3　2006~2018 年中国三大城市群节能与减排潜力均值**

| 城市 | 可节能量 | 节能潜力 | 可减排废水量 | 废水减排潜力 | 可减排 $SO_2$ 量 | $SO_2$ 减排潜力 | 可减排烟（粉）尘量 | 烟（粉）尘减排潜力 |
|---|---|---|---|---|---|---|---|---|
| 北京市 | 0.000 | 0.000 | 0.000 | 0.000 | 0.000 | 0.000 | 0.000 | 0.000 |
| 天津市 | 2741.571 | 40.253 | 0.168 | 8.032 | 10.054 | 60.086 | 3.958 | 61.055 |
| 石家庄市 | 2953.122 | 69.842 | 1.502 | 69.543 | 12.310 | 87.779 | 6.054 | 89.399 |
| 承德市 | 390.571 | 33.057 | 0.112 | 16.519 | 2.611 | 43.044 | 1.234 | 41.216 |
| 张家口市 | 864.768 | 61.403 | 0.236 | 40.772 | 6.592 | 77.234 | 2.343 | 73.058 |
| 秦皇岛市 | 356.620 | 35.712 | 0.119 | 26.259 | 2.191 | 46.924 | 16.262 | 47.770 |

续表

| 城市 | 可节能量 | 节能潜力 | 可减排废水量 | 废水减排潜力 | 可减排$SO_2$量 | $SO_2$减排潜力 | 可减排烟（粉）尘量 | 烟（粉）尘减排潜力 |
|---|---|---|---|---|---|---|---|---|
| 唐山市 | 5937.992 | 75.192 | 0.835 | 46.333 | 18.458 | 81.573 | 28.382 | 91.322 |
| 廊坊市 | 467.950 | 34.469 | 0.078 | 13.384 | 1.432 | 39.148 | 1.534 | 48.249 |
| 保定市 | 1053.259 | 55.831 | 0.849 | 66.674 | 3.628 | 69.237 | 1.880 | 73.478 |
| 沧州市 | 1385.510 | 60.677 | 0.332 | 42.410 | 1.410 | 49.434 | 2.290 | 63.971 |
| 衡水市 | 417.603 | 43.889 | 0.194 | 35.785 | 1.928 | 46.882 | 1.381 | 51.433 |
| 邢台市 | 1314.082 | 68.543 | 0.665 | 60.798 | 6.818 | 78.490 | 6.229 | 86.736 |
| 邯郸市 | 2954.557 | 75.418 | 0.260 | 33.920 | 12.505 | 85.089 | 11.644 | 87.901 |
| **京津冀** | **1602.893** | **50.330** | **0.412** | **35.418** | **6.149** | **58.840** | **6.399** | **62.737** |
| 上海市 | 1862.484 | 16.803 | 0.420 | 11.989 | 1.665 | 14.550 | 1.801 | 25.772 |
| 南京市 | 3401.147 | 55.419 | 1.774 | 55.804 | 7.015 | 60.512 | 3.655 | 71.108 |
| 无锡市 | 310.664 | 8.598 | 1.063 | 23.861 | 0.901 | 8.146 | 1.260 | 26.266 |
| 常州市 | 1761.476 | 58.419 | 1.537 | 66.767 | 2.799 | 62.653 | 3.981 | 82.676 |
| 苏州市 | 2207.275 | 27.536 | 2.763 | 45.666 | 5.563 | 39.741 | 2.682 | 43.323 |
| 南通市 | 767.161 | 37.058 | 1.036 | 66.086 | 4.137 | 73.665 | 2.650 | 82.110 |
| 扬州市 | 517.174 | 34.887 | 0.456 | 50.276 | 3.570 | 71.179 | 0.693 | 55.232 |
| 镇江市 | 885.660 | 48.493 | 0.427 | 49.184 | 3.525 | 67.459 | 1.315 | 66.201 |
| 泰州市 | 906.460 | 50.387 | 0.611 | 51.235 | 2.343 | 62.031 | 0.914 | 62.147 |
| 盐城市 | 745.521 | 42.781 | 0.920 | 67.059 | 1.794 | 55.454 | 1.703 | 73.411 |
| 杭州市 | 1750.231 | 44.159 | 4.226 | 79.806 | 4.868 | 69.723 | 2.755 | 80.809 |
| 宁波市 | 1929.109 | 52.195 | 1.120 | 64.798 | 9.778 | 87.259 | 2.221 | 86.877 |
| 温州市 | 666.888 | 38.881 | 0.443 | 47.252 | 2.873 | 75.045 | 0.735 | 64.660 |
| 嘉兴市 | 826.745 | 47.004 | 1.450 | 73.960 | 5.421 | 76.170 | 1.384 | 67.711 |
| 湖州市 | 460.490 | 40.856 | 0.520 | 51.829 | 1.951 | 52.133 | 1.134 | 52.916 |
| 绍兴市 | 948.605 | 46.575 | 2.284 | 81.985 | 3.342 | 68.430 | 1.268 | 67.492 |
| 舟山市 | 0.000 | 0.000 | 0.000 | 0.000 | 0.000 | 0.000 | 0.000 | 0.000 |
| 台州市 | 197.595 | 16.925 | 0.351 | 33.483 | 2.234 | 59.211 | 0.530 | 48.525 |
| 金华市 | 562.075 | 39.529 | 0.510 | 55.954 | 1.444 | 50.718 | 1.701 | 72.029 |
| 合肥市 | 576.948 | 29.639 | 0.086 | 15.283 | 1.429 | 48.377 | 2.568 | 63.137 |
| 芜湖市 | 350.165 | 36.043 | 0.103 | 22.231 | 1.977 | 60.413 | 2.556 | 65.302 |
| 滁州市 | 94.149 | 16.833 | 0.143 | 33.663 | 0.298 | 26.090 | 1.618 | 61.234 |
| 马鞍山市 | 129.369 | 18.482 | 0.391 | 48.395 | 2.796 | 62.021 | 3.259 | 56.471 |

续表

| 城市 | 可节能量 | 节能潜力 | 可减排废水量 | 废水减排潜力 | 可减排 $SO_2$ 量 | $SO_2$ 减排潜力 | 可减排烟（粉）尘量 | 烟（粉）尘减排潜力 |
|---|---|---|---|---|---|---|---|---|
| 铜陵市 | 0.000 | 0.000 | 0.000 | 0.000 | 0.000 | 0.000 | 0.000 | 0.000 |
| 池州市 | 0.000 | 0.000 | 0.000 | 0.000 | 0.000 | 0.000 | 0.000 | 0.000 |
| 安庆市 | 131.673 | 18.957 | 0.100 | 25.224 | 0.318 | 26.031 | 0.685 | 46.110 |
| 宣城市 | 42.462 | 8.038 | 0.068 | 17.721 | 0.271 | 23.525 | 1.369 | 48.435 |
| **长三角** | **815.982** | **30.907** | **0.845** | **42.204** | **2.678** | **48.168** | **1.646** | **54.443** |
| 广州市 | 0.000 | 0.000 | 0.000 | 0.000 | 0.000 | 0.000 | 0.000 | 0.000 |
| 深圳市 | 0.000 | 0.000 | 0.000 | 0.000 | 0.000 | 0.000 | 0.000 | 0.000 |
| 珠海市 | 0.000 | 0.000 | 0.000 | 0.000 | 0.000 | 0.000 | 0.000 | 0.000 |
| 东莞市 | 1374.171 | 45.326 | 2.255 | 70.276 | 7.369 | 72.980 | 1.399 | 58.765 |
| 中山市 | 335.190 | 28.674 | 0.523 | 50.019 | 0.910 | 34.055 | 0.593 | 46.351 |
| 江门市 | 337.882 | 31.833 | 0.853 | 66.195 | 2.490 | 57.486 | 0.888 | 52.797 |
| 肇庆市 | 17.095 | 2.563 | 0.181 | 21.617 | 0.643 | 25.240 | 0.940 | 31.500 |
| 佛山市 | 58.602 | 3.322 | 0.451 | 17.425 | 2.203 | 16.929 | 0.524 | 19.173 |
| 惠州市 | 620.995 | 32.192 | 0.217 | 30.757 | 0.938 | 40.545 | 0.779 | 44.891 |
| **珠三角** | **304.882** | **15.990** | **0.498** | **28.477** | **1.617** | **27.471** | **0.569** | **28.109** |
| **三大城市群** | **930.879** | **33.320** | **0.666** | **37.882** | **3.404** | **47.198** | **2.709** | **51.807** |

注：表中可节能量的单位是万吨标准煤，可减排废水量的单位是亿吨，可减排 $SO_2$ 量和可减排烟（粉）尘量的单位是万吨，节能潜力与减排潜力的单位是%。

资料来源：笔者计算整理所得。

从总体上来看，中国三大城市群在研究期间减排潜力大于节能潜力。2006~2018 年中国三大城市群 49 个城市工业废水排放量、工业 $SO_2$ 排放量、工业烟（粉）尘排放量的减排潜力分别达到 37.882%、47.198%、51.807%，三种工业污染物减排潜力均值为 45.629%，远高于节能潜力均值 33.320%。这一结论同样在京津冀、长三角、珠三角城市群中得到证实，说明相对于节能任务，三大城市群的减排任务更加紧迫，这与多数学者的研究结论一致[53,91,111,181]。就节能情况而言，中国三大城市群 49 个城市在研究期间可实现的平均节能量达到 930.879 万吨标准煤，节能潜力为 33.320%，这意味着三大城市群在经济发展进程中，将近 1/3 的能源被浪费，能源的综合利用水平及资源的有效配置能力存在较大改善空间。就减排情况而言，中国三大城市群 49 个城市可实现的工业废水减排量、

工业 $SO_2$ 减排量、工业烟（粉）尘减排量分别达到 0.666 亿吨、3.404 万吨、2.709 万吨，三种污染物的减排潜力均在 35%以上，其中，工业烟（粉）尘减排潜力最大，其次是工业 $SO_2$，工业废水的减排潜力最低。工业烟（粉）尘减排潜力高达 51.807%，说明三大城市群一半以上的工业烟（粉）尘属于过度排放，存在巨大的改进空间。中国三大城市群节能潜力与减排潜力在研究期间随时间变动的趋势如图 4-4 所示。

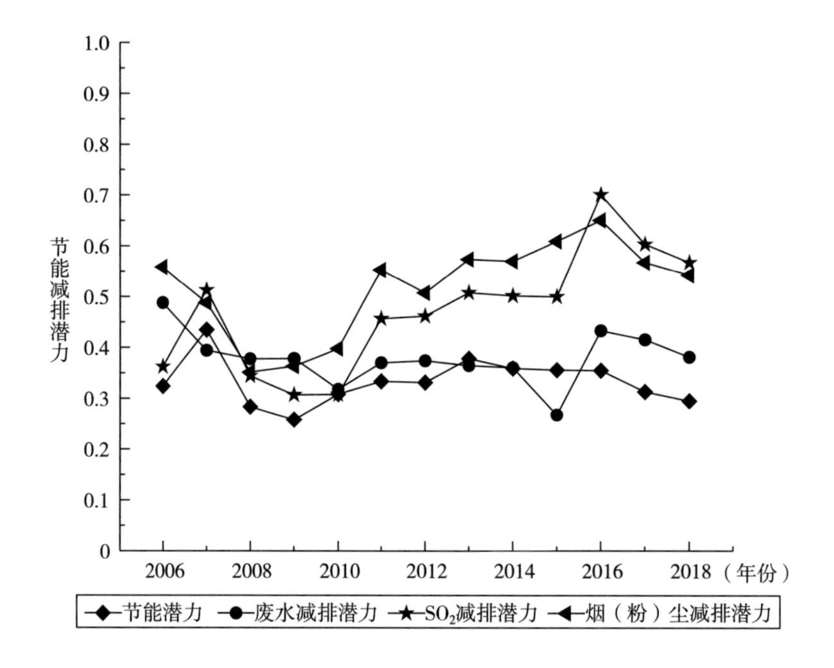


**图 4-4　2006~2018 年中国三大城市群节能潜力与减排潜力变化趋势**

资料来源：笔者整理绘制而成。

从时序变动来看，中国三大城市群节能潜力除 2007 年呈现较大幅度增长外，其余年份的波动均较为平稳，波动范围基本维持在 25%~38%，这从侧面反映出我国三大城市群能源利用水平在研究期间较为稳定。相比而言，中国三大城市群工业污染物减排潜力变化幅度较大，并且各污染物减排潜力在研究期间的变化趋势存在较大差异。中国三大城市群工业废水减排潜力整体呈现下降趋势，减排潜力由 2006 年的 48.79%下降到 2018 年的 38.18%，年均下降率为 2.02%，在三种

工业污染物减排潜力中下降幅度是最大的。究其原因，主要是近些年各地政府不断加大工业污水监管力度，各地污水处理厂的规模和数量都有所提升，相关污水处理工艺及污水处理技术也日趋成熟，在一定程度上显著提升了各城市工业污水治理能力，导致工业污水减排潜力下降。工业 $SO_2$ 和工业烟（粉）尘减排潜力在研究期间呈现相似的变化趋势，整体呈现“先下降—后上升—再下降”的发展趋势，上升阶段出现在“十二五”时期。其中，工业 $SO_2$ 减排潜力在研究期间呈现显著的增长，由 2006 年的 36.21%增长至 2018 年的 56.78%，年均增长率达到 3.82%。工业烟（粉）尘在研究期间增长幅度虽然不大，但却一直保持较高的减排潜力，基本维持在 50%左右，处于较高水平。这一结论表明中国三大城市群应将减少工业 $SO_2$ 排放量和工业烟（粉）尘排放量作为今后减排工作的重点。

从城市群层面来看，京津冀、长三角、珠三角城市群节能潜力与减排潜力存在显著差异，三大城市群之间节能潜力与减排潜力均呈现“京津冀>长三角>珠三角”的发展格局，即京津冀城市群的节能潜力与减排潜力最大，长三角城市群次之，珠三角城市群的节能潜力与减排潜力最小。就节能表现与减排表现而言，京津冀城市群的节能与减排表现均较差，长三角城市群的减排表现较差，而珠三角城市群的节能与减排表现均处于较优状态。从表 4-3 可以看出，京津冀城市群在研究期间除工业废水减排潜力均值为 35.418%外，节能潜力与工业 $SO_2$ 减排潜力、工业烟（粉）尘减排潜力均处于较高水平，分别为 50.330%、58.840%、62.737%，均高于 50%，这意味着京津冀城市群在经济发展过程中，损失了将近一半的能源消费量，并且一半以上的污染物排放属于过度排放，面临严峻的能源环境压力，节能任务与减排任务都很紧迫。长三角城市群在研究期间节能潜力均值为 30.907%，三种工业污染物减排潜力均值分别为 42.204%、48.168%、54.443%，减排潜力远大于节能潜力，这说明相比于节能任务，长三角城市群的减排任务更加紧迫。珠三角城市群节能潜力与减排潜力均值均在 30%以下，处于较低水平，节能潜力也仅为 15.990%，在三大城市群中处于最低水平，说明珠三角城市群在节能减排发展进程中，实现了能源的高效利用，同时也保持了相对较低水平的污染物排放，有良好的节能与减排表现。

从发展阶段来看（见图 4-5），京津冀、长三角、珠三角城市群节能潜力与减排潜力在各阶段变动较为稳定，整体波动幅度较小。从图 4-5 可以看出，京津冀城市群在“十一五”时期、“十二五”时期及“十三五”时期的节能潜力基本维持在 50%左右，能源利用水平较为平稳，但是能源利用效率并不高，将近一半的能源被浪费。同样，长三角和珠三角城市群节能潜力在各发展阶段的变化也较为平稳，长三角城市群节能潜力基本维持在 30%左右，而珠三角城市群节能潜力维持在 20%以内，两个城市群的能源利用处于较高水平。相比而言，三种工业污染物减排潜力在各发展阶段的变动幅度较大。京津冀城市群三种工业污染物在“十一五”时期、“十二五”时期及“十三五”时期的减排潜力均值分别为 49.02%、52.53%、57.52%，呈现增长态势，增长幅度基本维持在 10%左右。长

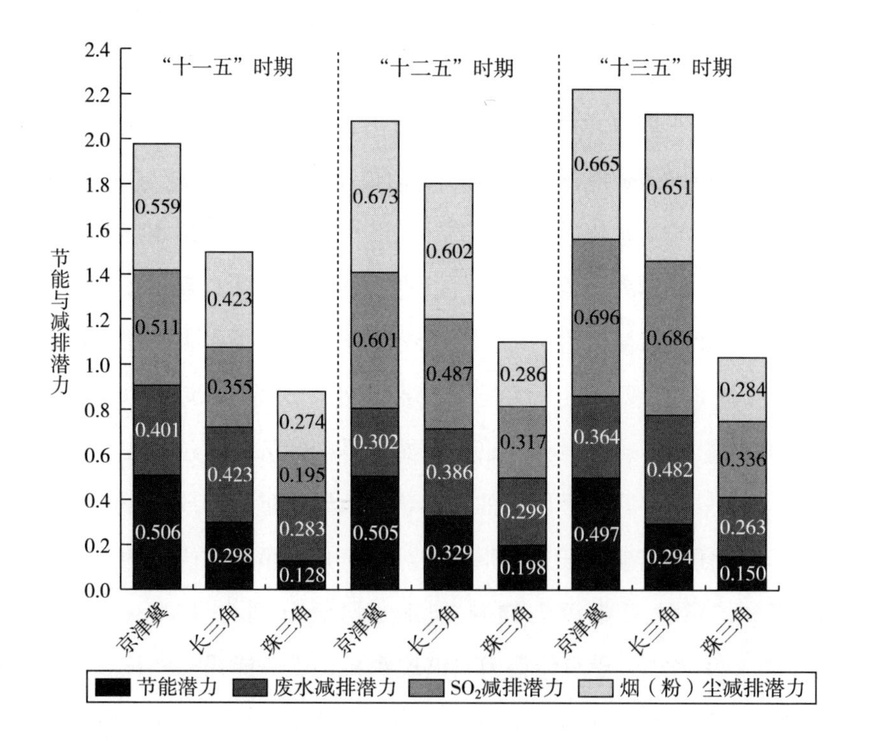


**图 4-5 中国三大城市群节能潜力与减排潜力分阶段变化情况**

资料来源：笔者整理绘制而成。

三角城市群三种工业污染物在“十一五”时期、“十二五”时期及“十三五”时期的减排潜力均值分别为40.01%、49.14%、60.60%，增长幅度达到20%，这从侧面反映出长三角城市群减排任务的紧迫性。珠三角城市群三种工业污染物减排潜力均值在各发展阶段较为平稳，基本维持在30%左右，其值分别为25.10%、30.08%、29.46%，处于较低水平。

从城市层面来看，三大城市群49个城市节能潜力与减排潜力存在较大差异。从表4-3可以发现，49个城市在研究期间，只有7个城市处在效率前沿面，包含北京、舟山、铜陵、池州、广州、深圳、珠海，节能潜力与减排潜力均为零。需要说明的是，虽然这些处在效率前沿面城市的节能潜力与减排潜力为零，但这并不意味着这些城市不存在能源损失或污染物减排能力，而是相对于其他城市而言（即以三大城市群为研究参考集），这些城市在当前生产技术水平条件下，无法实现在产出不变（或投入不变）的情况下进一步减少能源消费量（或污染物排放量）。从节能量的规模和节能潜力综合来看，石家庄、唐山、保定、沧州、邢台、邯郸、南京、常州、宁波是节能的重点城市，这些城市在研究期间平均可节能量高达1000万吨标准煤以上，并且节能潜力均值都在50%以上。值得注意的是，这些城市大部分属于京津冀城市群，这说明京津冀城市群面临巨大的节能压力。节能表现较好的城市有台州、滁州、马鞍山、安庆、宣城、中山、肇庆、佛山，这些城市在研究期间平均可节能量均处于350万吨标准煤以下，并且节能潜力均值均低于30%。从工业污染物可减排量和减排潜力综合来看，石家庄、保定、常州、南通、盐城、杭州、宁波、嘉兴、绍兴、东莞、江门是工业废水减排的重点城市，这些城市的工业废水可减排平均总量均在1亿吨以上，减排潜力均在60%以上；石家庄、张家口、唐山、邢台、邯郸、宁波、嘉兴、东莞是工业$SO_2$减排的重点城市，这些城市$SO_2$可减排平均总量达到5万吨以上，减排潜力高达70%以上；石家庄、张家口、唐山、邢台、邯郸、南京、常州、南通、杭州、宁波是工业烟（粉）尘减排的重点城市，这些城市工业烟（粉）尘可减排的平均总量达到2万吨以上，减排潜力高达70%。通过上述分析可以看出除工业废水减排的重点城市集中在长三角城市群外，工业$SO_2$和工业烟（粉）尘减排的重点城市主要集中在京津冀城市群。此外，综合考虑工业废水排放量、工业 $SO_2$ 排放量、工业烟（粉）尘排放量的可减排量及减排潜力，笔者发现上海和佛山三种工业污染物的可减排量及减排潜力值均处于较低水平，在三大城市群 49 个城市中处于领先地位，说明这两个城市在污染物排放方面表现良好，是其他城市的学习榜样。

## 二、节能减排实施路径分析

上述研究分别从节能和减排两个角度分析了中国三大城市群 49 个城市的节能潜力和减排潜力，本节将综合考虑各城市节能潜力与三种工业污染物的综合减排潜力，依据各城市节能潜力均值与减排潜力均值的高低划分出四种不同的组合，每种组合代表不同的节能减排表现，如图 4-6 所示。在此基础上，根据各城市节能表现与减排表现的差异性特征，提出三大城市群各城市节能减排实施路径。

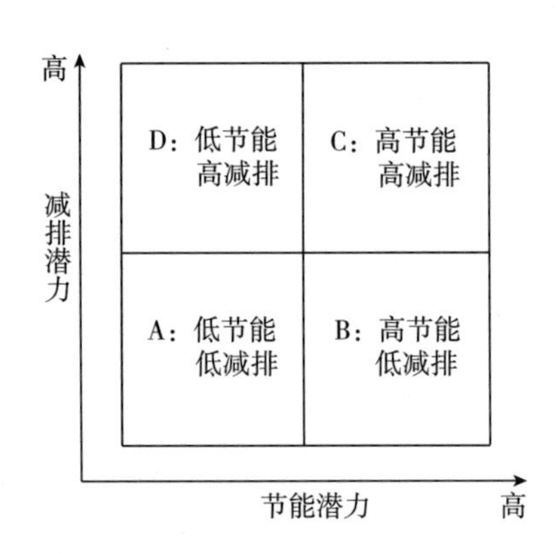


**图 4-6　节能潜力与减排潜力的二维矩阵**

资料来源：笔者整理绘制而成。

从图 4-6 可以看出，三大城市群 49 个城市依据节能潜力均值与减排潜力均值的高低被划分为 4 个区域，分别为“低节能低减排”的 A 区域、“高节能低减排”的 B 区域、“高节能高减排”的 C 区域以及“低节能高减排”的 D 区域。A 区域城市的节能潜力与减排潜力值都很低，城市节能与减排表现均处于较优水

平；B 区域城市的节能潜力值较大但减排潜力值较小，城市存在较大的能源损失，但是减排表现相对较好；C 区域城市的节能潜力值与减排潜力值都很高，城市存在较大程度的能源浪费和严重的污染物排放，是节能减排的重点区域；D 区域城市的节能潜力值较低但是减排潜力值较大，城市存在严重的污染物排放，但是节能表现相对较好。

根据上文分析及中国三大城市群节能潜力与减排潜力的实际情况，将节能潜力均值低于 30% 的城市定义为能源利用水平较高的城市，将工业废水、工业 $SO_2$、工业烟（粉）尘三种污染物综合减排潜力均值低于 20% 的城市定义为污染物低排放城市，据此通过二维矩阵分析方法构建 49 个城市节能潜力与减排潜力的状态矩阵，如图 4-7 所示。49 个城市落在节能潜力与减排潜力状态矩阵 A、B、C、D 区域的城市数量分别为 13 个、3 个、27 个、6 个，其中 A 区域中包含 7 个处在效率前沿面的城市。总体上来看，中国三大城市群大多数城市落入高节能高减排的 C 区域，存在较大的节能或减排空间。

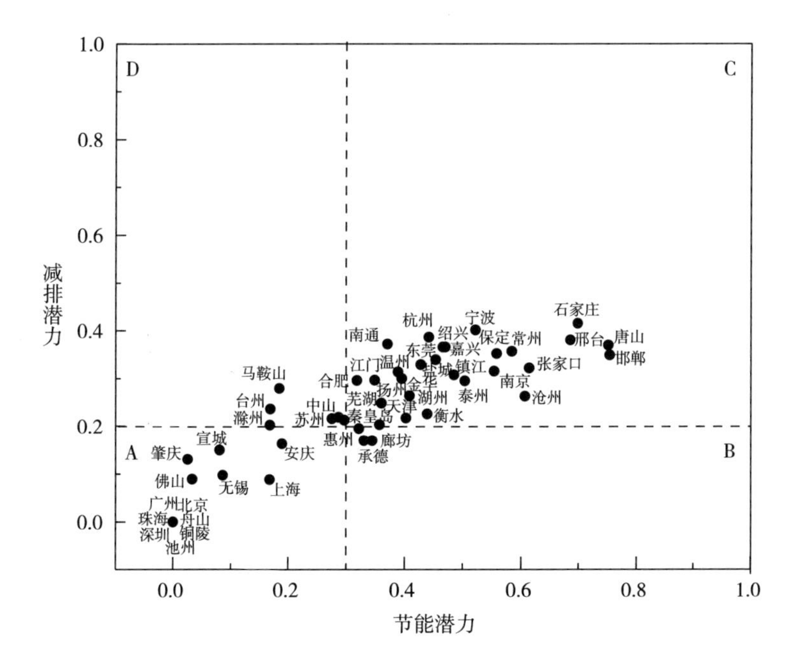


**图 4-7　中国三大城市群节能潜力与减排潜力的状态矩阵**

资料来源：笔者整理绘制而成。

除7个处于前沿面的城市外，落在"低节能低减排"A区域的包含上海、无锡、安庆、宣城、肇庆、佛山6个城市，这些城市的能源利用水平及污染物控制在三大城市群中处于相对较高的水平，可以发现这些城市全部属于长三角和珠三角城市群。落在"高节能低减排"B区域的包含承德、廊坊、惠州3个城市，这些城市在经济生产过程中，污染物排放处于相对较低的水平，但是却存在较大程度的能源损失，有效提升能源利用水平是该区域城市节能减排工作的重点。落在"低节能高减排"D区域的城市包含苏州、台州、合肥、滁州、马鞍山、中山，这些城市在节能方面表现较好，但却存在严重的污染物排放，相对于节能任务，这些城市的减排任务较为紧迫。其余27个城市全部属于"高节能高减排"的C区域，占三大城市群49个城市总量的55%，说明半数以上的城市存在较高水平的节能潜力与减排潜力。这些城市在生产过程中存在巨大的能源浪费和严重的污染物排放，节能任务和减排任务都很严峻，是三大城市群中节能减排工作的重点城市。

处于不同区域的城市可以选取不同的节能减排实施路径。A区域的城市属于高效集约型发展城市，不仅实现了能源的有效利用，同时也保持了较低水平的污染物排放，是其他城市的标杆。处于B区域和D区域的城市可以实施单边突破式节能减排路径，即重点以节能或减排为突破口，强化城市节能或减排方面的管理，以提升城市整体节能减排表现。具体而言，B区域的城市存在较为严重的能源浪费，可以实施"B→A"的单边突破式节能减排路径，即重点以提升能源利用效率为突破口，加快完成对钢铁、化工、焦化等高能耗行业的转型发展和优化升级，淘汰落后产能，积极推动高能耗行业的高效率发展。同时，强化这些城市能源有效利用的相关技术投入与管理水平，加快能源领域的技术创新，以技术创新驱动能源效率的提升，进而提升城市整体节能减排表现。D区域的城市污染物排放严重，可以实施"D→A"的单边突破式节能减排路径，即重点以减少污染物排放为突破口，加快节能减排工作进度。这些城市应强化对污染物排放的控制，积极探索工业污染物排放的有效处理或循环再利用手段，实现城市整体节能减排效率的提升。

C 区域的城市属于粗放型发展城市，这类城市不仅存在较大的能源损失，而且污染物排放也较为严重，可以选取“C→B→A”或“C→D→A”的渐进式节能减排实施路径，即先根据实际情况充分发挥自身节能或减排优势，再向 A 区域过渡。此外，C 类型的城市也可以选取“C→A”的飞跃式节能减排实施路径。位于该区域的城市是改善能源消费结构和节能降耗的重点区域，可以采取强有力的行政手段和经济手段相结合的方式从节能和减排两个角度提升城市整体节能减排表现。一方面，政府可出台相应的节能减排政策及产业结构调整政策，加快淘汰落后产能，对高能耗高污染行业进行彻底改革；另一方面，在人才引进、税收、企业管理等方面加大对这些城市的政策倾斜力度，充分挖掘各城市节能减排潜力，加快对能源的有效利用及污染物减排技术的研究，以技术创新促进城市节能减排效率的提升。

## 本章小结

本章采用 Global Malmquist-Luenberger 指数模型分析了中国三大城市群节能减排效率的动态变动趋势及内在驱动因素。在此基础上，通过构建节能潜力与减排潜力测算模型，对中国三大城市群各城市节能潜力与减排潜力进行研究，以识别各城市能源损失及污染物过度排放程度。最后，通过二维矩阵法探究了三大城市群各城市节能减排实施路径。

本章的研究结论对其他城市或城市群节能减排实施路径的制定具有有益的借鉴意义。在制定节能减排实施路径时，应对当地节能潜力与减排潜力进行科学的核算，以明确各地节能与减排的工作重点，据此制定符合各地区节能减排发展特征的实施路径。

# 第五章　中国三大城市群节能减排效率空间效应及治理分析

本章从空间视角出发，通过探索性空间数据分析方法从全局和局部两个角度分别对京津冀、长三角、珠三角城市群节能减排效率的空间相关性进行分析，以揭示三大城市群节能减排效率的空间集聚特征。在此基础上，通过 LISA 聚类图分析三大城市群节能减排效率在各发展阶段的空间分布格局，揭示各城市节能减排效率在空间上的分布演化规律，并以此为依据将京津冀、长三角、珠三角城市群划分为四个区域，通过对各城市空间分布特征的研究，探索三大城市群节能减排效率提升的空间治理模式。

## 第一节　探索性空间数据分析

探索性空间数据分析（Exploratory Spatial Data Analysis，ESDA）是空间计量经济学的一个重要领域，是一种“数据驱动”的分析方法，用来解释与空间位置相关的空间依赖性、空间关联或空间自相关现象。该方法通过对事物或现象空间分布格局的描述与可视化，探究空间集聚和空间异常现象[182]。其中，空间相关性分析是 ESDA 的核心内容，用来检验不同地区单元之间同一

观测值在空间地理位置上的相关程度，通过测度空间内某一指标属性与相邻地区属性值的相关系数反映空间相关性。空间相关性有正相关、负相关和不相关三种情况。相关系数为正表示相邻地区之间的属性值呈现空间正相关，系数越大表示正相关性越强。反之，相关系数为负表示相邻地区之间的属性值呈现空间负相关，系数越大表示空间负相关性越强。零值则表明属性值同空间位置无关。

空间相关性分析方法具体可以分为全局空间相关性和局部空间相关性两类。全局空间相关性用来分析整个区域内的关联性，反映的是某一属性值在区域内的整体分布情况，主要用来检测属性值在整个区域内是否存在空间集聚特征，但是无法反映空间集聚的具体位置。局部空间相关性用来分析区域内各个地域单元的关联性，不仅可以检测某一局部区域空间集聚程度的大小，还可以反映出空间集聚特征的具体位置。通常情况是先采用全局空间相关性分析判断区域整体上是否存在显著的空间相关性，如果区域整体存在显著的空间相关性，再通过局部空间相关性分析确定空间集聚的具体位置。

衡量空间相关性常用的统计量有莫兰指数（Moran's I）、Geary's C 指数和 G 指数。由于 Geary's C 指数的计算不考虑空间权重，只考虑是否为邻域，可靠性方面不占优势。因此，大多数学者采用莫兰指数和 G 指数对空间相关性进行分析。其中，莫兰指数反映的是空间邻接或者邻近地区单元属性值的相似程度，而 G 指数一般采用地理距离空间权重矩阵计算，并且要求空间单元的属性值为正，计算结果会受到集聚区域规模的影响[183]。因此，笔者采用莫兰指数对中国三大城市群节能减排效率的空间相关性进行分析。莫兰指数可以分为全局莫兰指数和局部莫兰指数，分别反映全局空间相关性和局部空间相关性。

## 一、空间权重矩阵

构建空间权重矩阵是进行空间相关性分析的基础，不同空间权重矩阵的设定会导致空间相关性分析结果的不同。一般而言，空间权重矩阵主要有以下三种：邻接空间权重矩阵、地理距离空间权重矩阵及经济距离空间权重矩阵。其中，邻接空间权重矩阵通过地区之间的相邻距离表示，具体依据相邻两个地区是否具有共同的边界来判断两个城市的相邻与否。邻接空间权重矩阵假设两个地区越接近，相互影响就越大，是空间相关性分析中最常用的空间权重矩阵。地理距离权重矩阵通过两个地区间相对的地理距离来表示，假设两个地区之间距离越近，则地区之间的相互影响就越大。经济距离空间权重矩阵是在地理距离权重矩阵的基础上，将各地区经济发展水平纳入空间权重矩阵的设定，认为经济发达地区对欠发达地区的影响比后者对前者的影响大。

由于两地区之间地理相对位置的设定没有统一的标准，容易引起争议，而采用经济距离权重矩阵难以很好地体现各地区间生态环境的空间相关性[110]。因此，笔者将采用邻接权重矩阵对中国三大城市群节能减排效率的空间相关性进行分析。邻接权重矩阵设定的依据是观察两个城市是否存在共同的边界，判断两个城市是否有共同的边界有以下三种依据："车相邻"（Rook）、"象相邻"（Bishop）和"后相邻"（Queen），分别表示城市 $i$ 和城市 $j$ 有共同的边、共同的顶点、共同的边或顶点。相比而言，"后相邻"考虑更加全面，故本书将选择"后相邻"作为判断两个城市是否相邻的标准。邻接权重矩阵通常采用"0、1"两个值来表示，"1"表示两个城市相邻，"0"表示两个城市不相邻，具体如下：

$$w_{ij}=\begin{cases}1,\ \text{城市 } i \text{ 与城市 } j \text{ 相邻}\\0,\ \text{城市 } i \text{ 与城市 } j \text{ 不相邻}\end{cases} \tag{5.1}$$

## 二、全局莫兰指数

全局莫兰指数可以检验中国三大城市群各城市节能减排效率因地理因素而存在的空间相关性，具体计算公式如下：

$$\text{Global Moran's I}=\frac{N\sum_{i=1}^{N}\sum_{j=1}^{N}w_{ij}(x_i-\bar{x})(x_j-\bar{x})}{\left(\sum_{i=1}^{N}\sum_{j=1}^{N}w_{ij}\right)\sum_{i=1}^{N}(x_i-\bar{x})^2} \tag{5.2}$$

其中，$N$ 表示城市总数，$x_i$ 和 $x_j$ 分别表示城市 $i$ 和城市 $j$ 的节能减排效率，$\bar{x}$

为节能减排效率的均值。$w_{ij}$ 为城市 $i$ 和城市 $j$ 的空间权重矩阵，本书采用空间邻近权重矩阵，当两个城市相邻时，$w_{ij}=1$；当两个城市不相邻时，$w_{ij}=0$。全局莫兰指数的取值范围为［-1，1］，若 Global Moran's I>0，则表示节能减排效率呈现正的空间相关性，即相邻城市间节能减排效率呈现明显的空间集聚效应，莫兰指数值越大，表示正向相关性越强；若 Global Moran's I<0，则表示节能减排效率呈现负的空间相关性，即相邻城市间节能减排效率呈现明显的空间分异，莫兰指数的绝对值越大，表示负向相关性越强；若 Global Moran's I=0，则表示相邻城市节能减排效率不存在空间相关性，即各城市间节能减排效率在空间上呈现随机、独立的分布特点。

全局莫兰指数的统计学意义一般通过 $Z$ 值进行检验，$Z$ 值计算如下：

$$Z=\frac{I-E(I)}{\sigma_I} \tag{5.3}$$

其中，$E(I)$、$\sigma_I$ 分别表示莫兰指数的期望和标准差，$E(I)$ 计算如下：

$$E(I)=\frac{-1}{n-1} \tag{5.4}$$

标准差的计算在正态分布和随机分布两种情形下有所不同，在正态分布假设下，计算公式如下：

$$\sigma_I^2=\frac{n^2w_1-nw_2+3w_0^2}{w_0^2(n^2-1)}-E(I)^2 \tag{5.5}$$

在随机分布假设下，计算公式如下：

$$\sigma_I^2=\frac{n^2[(n^2-3n+3)w_1-nw_2+3w_0^2]-k_2[(n^2-n)w_1-2nw_2+6w_0^2]}{w_0^2(n-1)(n-2)(n-3)}-E(I)^2$$

$$k_2=n\sum_i^n(x_i-\bar{x})^4/\left[\sum_i^n(x_i-\bar{x})^2\right]^2 \tag{5.6}$$

其中，$w_0=\sum_i^n\sum_j^n w_{ij}$，$w_1=\frac{1}{2}\sum_i^n\sum_j^n(w_{ij}+w_{ji})^2$，$w_2=\sum_i^n(w_{i*}+w_{j*})^2$，$w_{i*}$ 和 $w_{j*}$ 分别为权重矩阵中第 $i$ 列、第 $j$ 列的和。

根据上述公式，可以计算得到全局莫兰指数的 $Z$ 统计量，进一步可以计算得出 $Z$ 值的 p 值，据此可以在一定的显著性水平下（通常取 0.05）判断原假设的成立与否。若通过 5%的显著性检验，则拒绝原假设，表明各城市节能减排效率存在显著的空间相关性。

### 三、局部莫兰指数

一般而言，全局莫兰指数确定属性值在区域整体内存在空间相关性后，通过局部莫兰指数可以检验区域内各单元的空间集聚情况。局部莫兰指数可以具体反映出中国三大城市群各城市节能减排效率的空间关联和空间分异情况，计算公式如下：

$$\text{Local Moran's I} = \frac{N(x_i - \bar{x})\sum_{j=1}^{N} w_{ij}(x_j - \bar{x})^2}{\sum_{i=1}^{N}(x_i - \bar{x})^2} \tag{5.7}$$

其中，各符号含义与全局莫兰指数计算公式（5.2）中的含义相同。若 Local Moran's I>0，则表示各城市节能减排效率相近的城市集聚在一起，即高值与高值集聚或低值与低值集聚；若 Local Moran's I<0，则表示各城市节能减排效率相异的城市集聚在一起，即高值与低值集聚或低值与高值集聚。

局部莫兰指数的表现形式主要有 Moran 散点图和 LISA 聚类图。Moran 散点图可以根据局部莫兰指数值的大小将各城市分为四种不同的空间相关关系，分别对应 Moran 散点图的四个象限，LISA 聚类图可以通过地图的形式直观地表示各城市与周边城市属性值的空间集聚特征。鉴于此，笔者将同时采用 Moran 散点图和 LISA 聚类图对三大城市群节能减排效率的局部空间相关性进行分析。

# 第二节　中国三大城市群节能减排效率空间效应分析

## 一、节能减排效率全局空间相关性分析

本节基于邻接空间权重矩阵，采用全局莫兰指数对2006~2018年中国三大城市群49个城市节能减排效率进行全局空间相关性检验，计算结果如表5-1所示。中国三大城市群49个城市2006~2018年节能减排效率均值的全局莫兰指数为0.216，并且通过5%的显著性水平检验，这说明中国三大城市群节能减排效率在研究期间总体上呈现显著的正向空间相关性，相邻城市之间的节能减排效率呈现“高高集聚”或“低低集聚”的空间集聚特征，即节能减排效率较高（或较低）的城市周围至少存在一个或多个节能减排效率较高（或较低）的城市。

**表5-1　2006~2018年中国三大城市群节能减排效率全局莫兰指数**

| 年份 | Moran's I | Sd (I) | P-value | Z-value |
|---|---|---|---|---|
| 2006 | 0.314 | 0.116 | 0.002 | 2.899 |
| 2007 | 0.198 | 0.116 | 0.029 | 1.891 |
| 2008 | 0.227 | 0.117 | 0.017 | 2.125 |
| 2009 | 0.309 | 0.117 | 0.002 | 2.818 |
| 2010 | 0.225 | 0.116 | 0.017 | 2.115 |
| 2011 | 0.154 | 0.115 | 0.064 | 0.525 |
| 2012 | 0.110 | 0.114 | 0.126 | 1.144 |
| 2013 | 0.040 | 0.114 | 0.298 | 0.531 |
| 2014 | 0.073 | 0.114 | 0.205 | 0.822 |
| 2015 | 0.068 | 0.114 | 0.218 | 0.780 |
| 2016 | 0.146 | 0.114 | 0.072 | 1.460 |
| 2017 | 0.123 | 0.116 | 0.107 | 1.245 |

续表

| 年份 | Moran's I | Sd（I） | P-value | Z-value |
|---|---|---|---|---|
| 2018 | 0.119 | 0.116 | 0.113 | 1.213 |
| 2006~2018 | 0.216 | 0.114 | 0.019 | 2.073 |

资料来源：通过 Stata 计算所得。

从表 5-1 可以看出，中国三大城市群节能减排效率全局莫兰指数在整个研究期间均大于 0，但是显著性水平在各年份存在一定差异。2006~2010 年中国三大城市群节能减排效率全局莫兰指数至少通过 5%的显著性水平检验，说明三大城市群节能减排效率在这一期间具有显著的正向空间依赖性，城市群内部高效率城市对低效率城市的空间辐射带动作用较为明显，存在显著的空间溢出效应。但 2011~2018 年，三大城市群节能减排效率全局莫兰指数除 2011 年和 2016 年通过 10%的显著性检验外，其余年份莫兰指数均未通过显著性检验，表明该时期三大城市群高效率城市的空间溢出效应不显著，相邻城市之间节能减排效率的空间分异特征逐渐加强。从时序变动来看，三大城市群节能减排效率全局莫兰指数在研究期间呈现较大幅度的变动，表明三大城市群节能减排效率空间集聚特征并不稳定，存在较大的波动性。其中，2009~2013 年三大城市群节能减排效率全局莫兰指数呈现大幅度下降，年均下降率达到 40.02%，这一期间三大城市群节能减排效率的正向空间依赖性呈现逐年减弱的发展态势。

为了更进一步探究京津冀、长三角、珠三角城市群节能减排效率的空间相关性，笔者分别以京津冀城市群 13 个城市、长三角城市群 27 个城市、珠三角城市群 9 个城市为研究对象，对各城市群节能减排效率的全局莫兰指数进行测算，结果如图 5-1 所示。

从图 5-1 可以看出，京津冀、长三角、珠三角城市群节能减排效率全局莫兰指数存在较大差异。其中，长三角城市群全局莫兰指数整体呈现较小幅度的下降，发展态势较为稳定。2006~2016 年，长三角城市群节能减排效率呈现较稳定的空间正相关性，相邻城市之间节能减排效率呈现“高高集聚”或“低低集聚”的空间发展特征，但是这种空间集聚特征随时间推移而逐渐减弱。但在 2017 年，长三角城市群节能减排效率由正向空间相关性转变为负向空间相关性，各城市间

节能减排效率的空间差异性逐渐加大，呈现空间非均衡性发展特性。

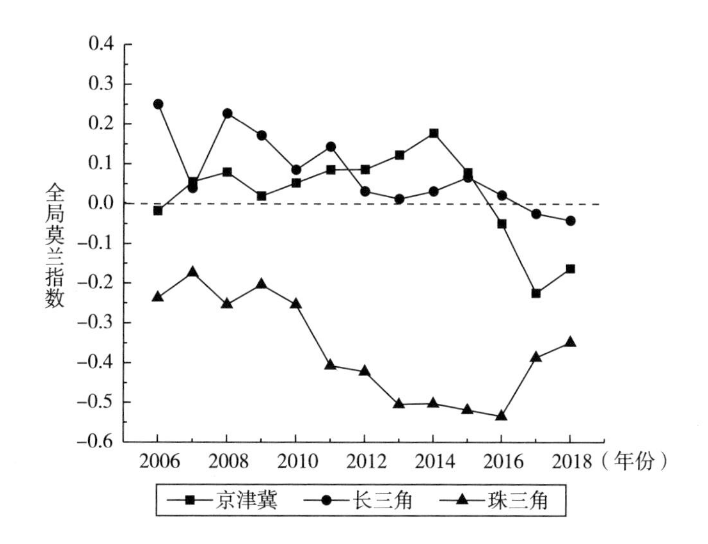


**图 5-1 京津冀、长三角、珠三角城市群节能减排效率全局莫兰指数**

资料来源：根据 Stata 计算结果绘制而成。

相比于长三角城市群，京津冀和珠三角城市群节能减排效率全局莫兰指数在研究期间波动幅度较大。京津冀城市群节能减排效率全局莫兰指数呈动态波动趋势，2014 年之前呈现稳定的上升趋势，但随后几年呈现较大幅度的下降，并且在 2016~2018 年全局莫兰指数转变为负值，这表明京津冀城市群节能减排效率在 2014 年之前存在较强的正向空间相关性，空间集聚特征逐渐加强，但 2014 年之后节能减排效率的空间集聚特征逐渐减弱，并转变为负向空间相关性。这一现象反映出京津冀城市群内部各城市间节能减排效率的空间差异逐渐加大，由空间合作转变为空间竞争的发展格局。

珠三角城市群节能减排效率全局莫兰指数在研究期间始终小于 0，并且其绝对值随时间推移而逐渐变大，表明珠三角城市群节能减排效率整体上呈现负向空间相关性，相邻城市之间的节能减排效率呈现“高低集聚”或“低高集聚”的空间发展特征，即节能减排效率较高（或较低）的城市周围至少存在一个或多个节能减排效率较低（或较高）的城市。珠三角城市群内各城市节能减排效率空间分异特征较为显著，高效率（或低效率）城市被低效率（或高效率）城市包围，并且城市群内部节能减排效率空间分异特征随时间推移而逐渐加强，这从侧面反映出珠三角城市群内部各城市节能减排效率的空间竞争关系大于空间合作关系。

## 二、节能减排效率局部空间相关性分析

上述全局空间相关性分析从整体上判断了中国三大城市群节能减排效率是否存在空间相关性，但是却无法揭示城市群内部各城市之间空间集聚的具体表现形式与存在位置，局部空间相关性分析可以很好地解决这一问题。因此，为进一步探究中国三大城市群内部各城市与周边城市节能减排效率之间的空间关联性及空间集聚的具体表现形式，笔者采用局部 Moran 散点图分别对京津冀、长三角、珠三角城市群节能减排效率进行局部空间相关性分析。从第三章研究结果可以看出，三大城市群节能减排效率具有明显的阶段性特征，故本节分别以“十一五”时期、“十二五”时期、“十三五”时期三个发展阶段及整个研究期节能减排效率均值为基础，对京津冀、长三角、珠三角城市群节能减排效率局部空间相关性进行分析。

### （一）京津冀城市群节能减排效率局部空间相关性分析

京津冀城市群节能减排效率在“十一五”时期、“十二五”时期、“十三五”时期及整个研究期内的局部 Moran 散点图如图 5-2 所示。

根据相邻城市之间节能减排效率水平的高低，局部 Moran 散点图可以将各城市划分为四个象限。其中，第一象限为“HH 集聚区”（High- High，高高集聚区），该区域内节能减排效率水平较高的城市被其他相邻高节能减排效率城市包围，相邻城市之间的正向促进作用较强，空间集聚特征明显。位于该区域内城市的节能减排效率均处于较高水平，城市之间的扩散特征明显。第二象限为“LH 集聚区”（Low-High，低高集聚区），节能减排效率水平较低的城市被相邻高效率城市包围，相邻城市之间节能减排效率差异性较大，存在明显的空间分异现象，空间上形成“中心凹陷”的发展格局，过渡特征明显。第三象限为“LL 集聚区”（Low-Low，低低集聚区），该区域内节能减排效率水平较低的城市被其他

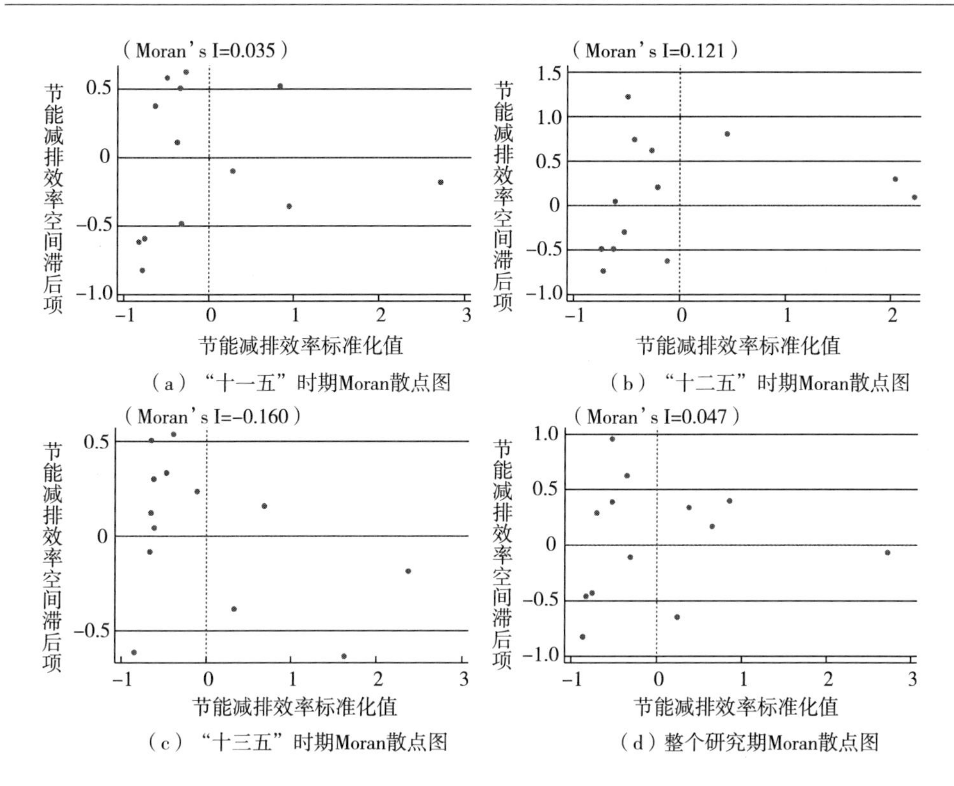


**图 5-2　各时期京津冀城市群节能减排效率局部 Moran 散点图**

资料来源：根据 Stata 计算结果绘制而成。

相邻低节能减排效率城市包围。位于该区域内城市的节能减排效率均处于较低状态，缓慢增长特征明显。第四象限为"HL 集聚区"（High-Low，高低集聚区），该区域内节能减排高效率城市被其他低效率城市包围，城市之间存在明显的空间分异特征，高效率城市对低效率城市的拉动作用较弱，城市之间的极化特征明显。位于第一象限和第三象限城市的节能减排效率在空间上呈现正向空间相关性，具有明显的空间集聚分布特征。位于第二象限和第四象限城市的节能减排效率在空间上呈现负向空间相关性，具有离散分布特征。

总体来看，京津冀城市群在整个研究期内全局莫兰指数为 0.047，表现为正向空间相关性。从局部 Moran 散点图来看，落在第一象限、第二象限、第三象限、第四象限的城市数量分别为 3 个、4 个、4 个、2 个，除落在第一象限的廊坊、秦皇岛、承德节能减排效率空间表现较好外，其余城市均存在不同程度的改进空间。分阶段来看，“十一五”时期，Moran 散点图中各象限内城市分布相对均匀，但“十二五”时期落入第二象限的城市数量逐渐增多，而“十三五”时期大部分城市落入第二象限和第四象限，其中第二象限的城市数量高达 7 个。为了更好地分析京津冀城市群节能减排效率的空间分布格局演变特征，根据上述 Moran 散点图整理出各时期京津冀城市群节能减排效率的空间分布演变情况，如表 5-2 所示。

**表 5-2　京津冀城市群节能减排效率空间分布格局演变**

| 发展阶段 | “十一五”时期 | “十二五”时期 | “十三五”时期 | 整个研究期 |
|---|---|---|---|---|
| 第一象限（HH 集聚） | 廊坊（1） | 北京、秦皇岛、承德（3） | 廊坊（1） | 廊坊、秦皇岛、承德（3） |
| 第二象限（LH 集聚） | 天津、承德、保定、张家口、唐山（5） | 廊坊、天津、保定、张家口、唐山（5） | 天津、承德、保定、张家口、石家庄、邢台、沧州（7） | 天津、保定、唐山、张家口（4） |
| 第三象限（LL 集聚） | 衡水、邢台、邯郸、石家庄（4） | 衡水、邢台、邯郸、石家庄、沧州（5） | 唐山、邯郸（2） | 沧州、邢台、邯郸、石家庄（4） |
| 第四象限（HL 集聚） | 北京、秦皇岛、沧州（3） |  | 北京、秦皇岛、衡水（3） | 北京、衡水（2） |

资料来源：根据图 5-2 整理所得。

“十一五”时期，仅廊坊属于第一象限的“HH 集聚区”；天津、承德、保定、张家口、唐山 5 市属于第二象限的“LH 集聚区”；衡水、邢台、邯郸、石家庄 4 市属于第三象限的“LL 集聚区”；北京、秦皇岛、沧州 3 市属于第四象限的“HL 集聚区”。

“十二五”时期，北京、秦皇岛 2 市由“十一五”时期的第四象限跃升至“十二五”时期的第一象限，这两市由“HL 集聚区”转变为“HH 集聚区”，节能减排效率的极化现象消失，说明这两个城市在“十二五”时期对周边城市的辐射带动作用增强；承德由“十一五”时期的“LH 集聚区”进入“十二五”时期的“HH 集聚区”，表明承德节能减排效率在“十二五”时期取得显著突破；位于第二象限的城市与“十一五”时期差别不大，包括廊坊、天津、保定、张家口、唐山 5 市；衡水、邢台、邯郸、石家庄、沧州 5 市位于第三象限的“LL

集聚区”，城市分布与“十一五”时期基本相似；“十二五”时期没有城市落入第四象限。

“十三五”时期，廊坊由“十二五”时期的“LH 集聚区”进入“十三五”时期的“HH 集聚区”，节能减排效率在“十三五”时期得到显著提升；天津、承德、保定、张家口、石家庄、邢台、沧州 7 市位于第二象限的“LH 集聚区”，相比于“十二五”时期，新增承德、石家庄、邢台、沧州 4 市；唐山、邯郸位于第三象限的“LL 集聚区”；北京、秦皇岛、衡水 3 市位于第四象限的“HL 集聚区”，其中，北京、秦皇岛由“十二五”时期的“HH 集聚区”转变为“十三五”时期的“HL 集聚区”，说明“十三五”时期北京和秦皇岛 2 市与周边城市节能减排效率出现明显的极化现象。

综合来看，京津冀城市群各城市在“十一五”时期与“十二五”时期主要分布在第一象限和第三象限，而“十三五”时期，城市主要分布在第二象限和第四象限，表明京津冀城市群节能减排效率由最初的正向空间相关性逐渐转变为负向空间相关性，各城市之间的空间竞争关系逐渐大于空间合作关系，城市间节能减排效率的空间分异程度逐渐加强，空间非均衡特征显著。

（二）长三角城市群节能减排效率局部空间相关性分析

依据上述京津冀城市群节能减排效率局部 Moran 散点图的分析思路，以“十一五”时期、“十二五”时期、“十三五”时期三个阶段及整个研究期为划分依据，绘制各时期长三角城市群节能减排效率局部 Moran 散点图，如图 5-3 所示。

总体来看，长三角城市群在整个研究期内全局莫兰指数为 0.095，表现为正向空间相关性。从局部 Moran 散点图来看，落在第一象限、第二象限、第三象限、第四象限的城市数量分别为 4 个、5 个、12 个、6 个，可见长三角大部分城市均属于“LL 集聚区”的第三象限，其城市数量约占长三角城市总量的 44.44%，表明长三角城市群内各城市节能减排效率在空间上呈现以“LL 集聚”为主的正向空间相关性，城市群内节能减排效率整体处于较低水平。分阶段来看，“十一五”时期，长三角城市群在 Moran 散点图中各象限内城市数量分布相对较为均匀，但“十二五”及“十三五”时期超过半数以上的城市均落入“LL

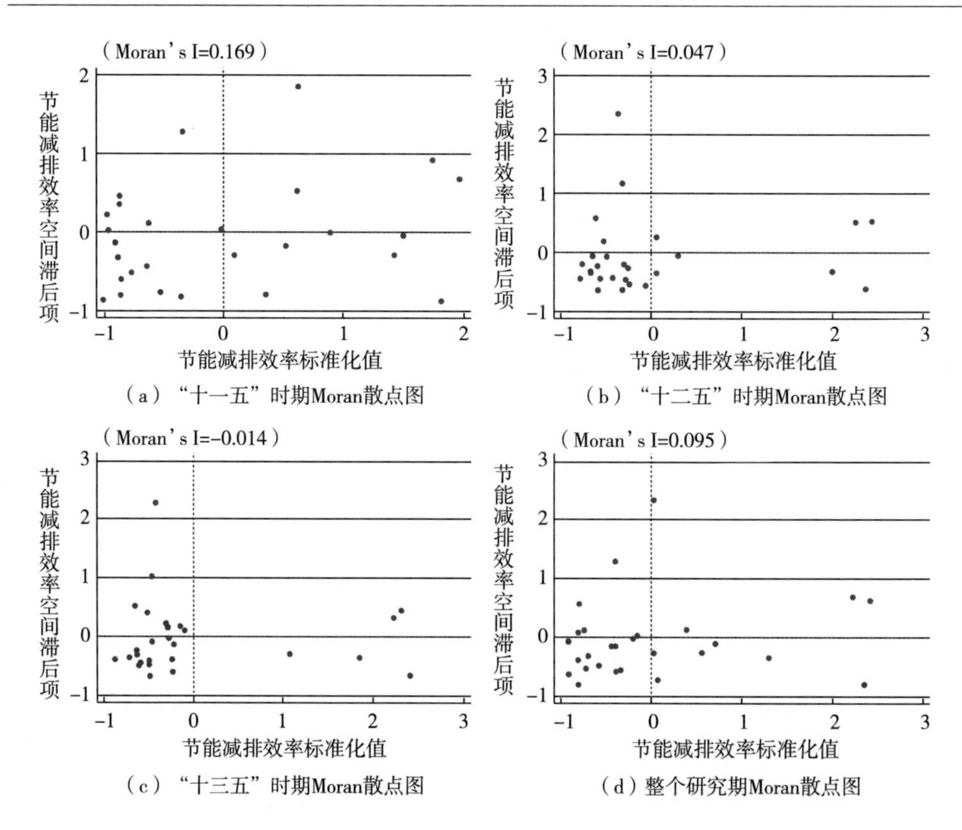


**图 5-3 各时期长三角城市群节能减排效率局部 Moran 散点图**

资料来源：根据 Stata 计算结果绘制而成。

集聚区"。为直观分析长三角城市群节能减排效率的空间分布格局演变特征，根据上述 Moran 散点图整理出各时期长三角城市群节能减排效率的空间分布演变情况，如表 5-3 所示。

**表 5-3 长三角城市群节能减排效率空间分布格局演变**

| 发展阶段 | "十一五"时期 | "十二五"时期 | "十三五"时期 | 整个研究期 |
|---|---|---|---|---|
| 第一象限（HH 集聚） | 合肥、铜陵、池州、安庆（4） | 苏州、铜陵、池州（3） | 铜陵、池州（2） | 苏州、铜陵、池州、安庆（4） |
| 第二象限（LH 集聚） | 南京、宁波、温州、嘉兴、湖州、芜湖、马鞍山（7） | 常州、宁波、芜湖、安庆（4） | 常州、苏州、宁波、芜湖、滁州、安庆、宣城、马鞍山（8） | 常州、宁波、温州、合肥、芜湖（5） |

续表

| 发展阶段 | “十一五”时期 | “十二五”时期 | “十三五”时期 | 整个研究期 |
|---|---|---|---|---|
| 第三象限（LL集聚） | 常州、南通、扬州、镇江、泰州、盐城、杭州、绍兴、金华（9） | 南京、南通、扬州、镇江、泰州、盐城、杭州、温州、嘉兴、湖州、绍兴、台州、金华、合肥、滁州、马鞍山（16） | 上海、南通、扬州、镇江、泰州、盐城、杭州、温州、嘉兴、湖州、绍兴、台州、金华、合肥（14） | 南京、南通、扬州、镇江、泰州、盐城、杭州、嘉兴、湖州、绍兴、金华、马鞍山（12） |
| 第四象限（HL集聚） | 上海、无锡、苏州、舟山、台州、滁州、宣城（7） | 上海、无锡、舟山、宣城（4） | 南京、无锡、舟山（3） | 上海、无锡、舟山、台州、滁州、宣城（6） |

资料来源：根据图5-3整理所得。

相比于“十一五”时期，“十二五”时期苏州由第四象限的“HL集聚区”跃升至第一象限的“HH集聚区”，节能减排效率取得显著提升，但合肥、安庆2市由“十一五”时期的“HH集聚区”分别转入“十二五”时期的“LL集聚区”与“LH集聚区”；“十二五”时期位于第二象限及第四象限的城市数量与“十一五”时期相比，均减少3个，第二象限的“LH集聚区”包含常州、宁波、芜湖、安庆4市，第四象限的“HL集聚区”包含上海、无锡、舟山、宣城4市；位于第三象限“LL集聚区”的城市数量由“十一五”时期的9个增长到“十二五”时期的16个，发生较大幅度的增加，长三角城市群一半以上的城市均属于该象限，表明长三角城市群“十二五”时期呈现以“LL集聚”为主的空间集聚特征。

相比于“十二五”时期，“十三五”时期位于第一象限“HH集聚区”的城市仅剩铜陵、池州2市；常州、苏州、宁波、芜湖、滁州、安庆、宣城、马鞍山8市位于第二象限的“LH集聚区”，与“十二五”时期相比，新增苏州、滁州、宣城、马鞍山4市；“十三五”时期位于第三象限“LL集聚区”的城市分布与“十二五”时期差别不大，城市数量为14个；南京、无锡、舟山3市位于第四象限的“HL集聚区”。

综合来看，长三角城市群各城市在“十一五”时期的分布相对较均衡，但是“十二五”时期及“十三五”时期位于第三象限“LL 集聚区”的城市数量逐渐增多，分别占到长三角城市总量的 59. 26%、51. 85%，表明长三角城市群主要呈现以“LL 集聚”为主的空间分布特征，大多数城市与相邻城市之间的节能减排效率均处于较低状态，城市之间的相互促进作用较弱。

（三）珠三角城市群节能减排效率局部空间相关性分析

依据上述长三角城市群节能减排效率局部 Moran 散点图的分析思路，以“十一五”时期、“十二五”时期、“十三五”时期三个阶段及整个研究期为划分依据，绘制各时期珠三角城市群节能减排效率局部 Moran 散点图，如图 5-4 所示。

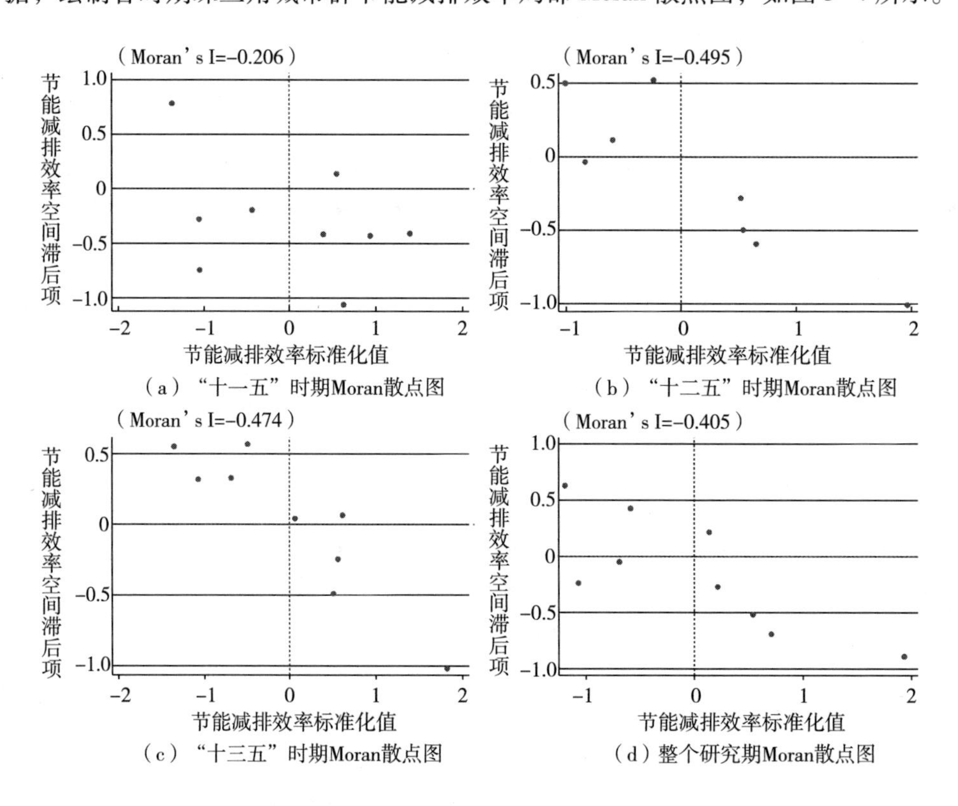


**图 5-4　各时期珠三角城市群节能减排效率局部 Moran 散点图**

资料来源：根据 Stata 计算结果绘制而成。

总体来看，珠三角城市群在整个研究期内全局莫兰指数为-0. 405，表现为负向空间相关性。从局部 Moran 散点图来看，落在第一象限、第二象限、第三象

限、第四象限的城市数量分别为1个、2个、2个、4个，其中位于第四象限的城市数量最多，表明各城市节能减排效率的极化现象较为严重。分阶段来看，“十一五”时期，珠三角城市群大部分城市落入“LL集聚”和“HL集聚”的第三、第四象限，但“十二五”及“十三五”时期大部分城市落入“LH集聚”和“HL集聚”的第二、第四象限。为直观分析珠三角城市群节能减排效率空间分布格局演变特征，根据Moran散点图整理出各时期节能减排效率空间分布演变情况，如表5-4所示。

**表5-4　珠三角城市群节能减排效率空间分布格局演变**

| 发展阶段 | “十一五”时期 | “十二五”时期 | “十三五”时期 | 整个研究期 |
|---|---|---|---|---|
| 第一象限（HH集聚） | 惠州（1） |  | 珠海、中山（2） | 肇庆（1） |
| 第二象限（LH集聚） | 东莞（1） | 东莞、中山、肇庆、惠州（4） | 东莞、江门、肇庆、惠州（4） | 东莞、惠州（2） |
| 第三象限（LL集聚） | 佛山、中山、江门（3） | 江门（1） |  | 中山、江门（2） |
| 第四象限（HL集聚） | 广州、深圳、珠海、肇庆（4） | 广州、深圳、珠海、佛山（4） | 广州、深圳、佛山（3） | 广州、深圳、珠海、佛山（4） |

资料来源：根据图5-4整理所得。

相比于“十一五”时期，“十二五”时期珠三角城市群大部分城市空间分布格局发生较大变化，大部分城市主要集中分布在“LH集聚”和“HL集聚”的第二象限和第四象限，表明珠三角各城市节能减排效率空间分异程度较大，城市之间节能减排效率呈现较大的空间差异性。其中，惠州由“十一五”时期“HH集聚”的第一象限转入“十二五”时期“LH集聚”的第二象限，中山由“LL集聚”的第三象限转入“LH集聚”的第二象限。“十二五”时期，位于第二象限“LH集聚区”的城市共包含东莞、中山、肇庆、惠州4市；江门位于“LL集聚”的第三象限；“十二五”时期与“十一五”时期位于第四象限的城市差别并不大，包含广州、深圳、珠海、佛山4市。

相比于“十二五”时期，珠海、中山分别由第四象限的“HL集聚区”、第二象限的“LH集聚区”跃升至“十三五”时期第一象限的“HH集聚区”，节能减排效率取得显著提升；江门由“十二五”时期的“LL 集聚区”转入“十三五”时期的“LH 集聚区”，东莞、肇庆、惠州在两个发展阶段的象限分布并未发生变化，均处于第二象限；“十三五”时期位于第四象限“HL 集聚区”的城市分布与“十二五”时期差别不大，包含广州、深圳、佛山 3 市；“十三五”时期，没有城市落入第三象限的“LL 集聚区”。

综合来看，珠三角各城市在“十一五”时期分布相对较为均衡，而“十二五”与“十三五”时期大部分城市均落入第二象限及第四象限，呈现显著的负向空间相关性，低效率城市被高效率城市包围，高效率城市被低效率城市包围，空间差异较大，各城市之间节能减排效率的竞争关系大于合作关系。

## 第三节　中国三大城市群节能减排空间治理分析

### 一、节能减排效率空间分布格局分析

为更直观地反映中国三大城市群节能减排效率空间集聚特征的变化，本书在上述局部相关性分析的基础上，分别绘制京津冀、长三角、珠三角城市群在“十一五”时期、“十二五”时期及“十三五”时期三个发展阶段的 LISA 聚类图，以探索京津冀、长三角、珠三角城市群节能减排效率的空间分布特征（LISA 聚类图根据局部散点图进行绘制，如有需要，可向笔者索取）。

#### （一）京津冀城市群节能减排效率空间分布格局

通过对 LISA 聚类图的分析可以发现，京津冀城市群节能减排效率空间分布格局具有明显的阶段性特征，不同发展阶段节能减排效率空间分布格局存在较大差异。总体而言，京津冀城市群北部区域节能减排表现要优于南部区域。“十一五”时期，京津冀城市群节能减排效率呈现“南北部差异大，东西部极化严重”的空间分布格局。京津冀城市群南部区域主要呈现以“LL 集聚”为主的空间分

布格局，该区域各城市与相邻城市的节能减排效率均处于较低状态，即所谓的“近墨者黑”，属“低效型”发展区域，应作为节能减排的重点保护治理区域。京津冀北部区域主要呈现以“LH 集聚”和“HL 集聚”为主的分布格局，空间上呈现“中心低、四周高”（或“中心高、四周低”）的负相关性特征，东西部之间极化现象较为严重。其中属于“HL 集聚”类型的城市包括北京、秦皇岛、沧州，这 3 个城市自身节能减排效率较高，但是周边城市节能减排效率均处于较低状态，属于“凸”型城市节能减排效率分布区域，这些城市应积极加强自身对周边城市的辐射带动作用。北部其余城市属于“LH 集聚”的分布类型，这些城市自身节能减排效率较低，但是却被高效率城市所包围，属于“凹”型城市节能减排效率分布区域，这些城市应结合自身实际及发展特征，积极探索节能减排效率提升路径。

“十二五”时期，京津冀城市群节能减排效率南北部差异仍然较大，但是东西部极化现象消失。京津冀城市群南部区域仍然表现为以“LL 集聚”为主的空间分布特征，属于节能减排“低效型”发展区域。京津冀北部地区呈现以“HH 集聚”和“LH 集聚”为主的空间分布格局，其中东北部呈现以“HH 集聚”为主的空间分布特征，而西北部则以“LH 集聚”分布特征为主。东北部各城市与相邻城市的节能减排效率均处于较高水平，即所谓的“近朱者赤”，属于“高效型”发展区域，应作为节能减排的重点保护区。“十二五”时期没有城市属于“LH 集聚”的分布类型，说明城市之间极化现象消失。

“十三五”时期，京津冀城市群节能减排效率南北部差异不明显，但是再次呈现出“东西部极化严重”的空间分布格局。节能减排效率呈现以“LH 集聚”类型为主的空间分布特征，表现为“中心低、四周高”的负向空间相关性。其中，属于“HL 集聚”极化发展的城市包括北京、衡水、秦皇岛，这 3 个城市在“十三五”时期的空间辐射带动作用较弱。

（二）长三角城市群节能减排效率空间分布特征

通过对 LISA 聚类图的分析可以发现，长三角城市群节能减排效率空间分布格局与城市所在省份有密切联系，其中江苏省、浙江省各城市节能减排效率的空间分布格局在不同发展阶段较为稳定，以“LL 集聚”的空间分布特征为主，而安徽省各城市节能减排效率的空间分布格局在不同发展阶段存在较大差异。具体而言，江苏省各城市节能减排效率在三个发展阶段主要表现为以“LL 集聚”为主的空间分布特征，浙江省各城市节能减排效率由“十一五”时期“LL 集聚”和“LH 集聚”的空间分布格局逐渐转变为“十二五”时期及“十三五”时期以“LL 集聚”为主的空间分布格局，而安徽省各城市节能减排效率在“十一五”时期以“HH 集聚”的空间分布特征为主，“十二五”时期“LL 集聚”的城市数量逐渐增多，“十三五”时期形成以“LH 集聚”为主的空间分布格局。

长三角城市群中江苏省南部区域节能减排表现要优于北部区域，三个阶段节能减排效率空间分布特征较为相似，均呈现“北部低效集聚，南部极化严重”的空间分布格局。江苏省北部区域节能减排效率在三个发展阶段均呈现以“LL 集聚”为主的空间分布格局，北部各城市与相邻城市之间的节能减排效率均处于较低水平，属于“低效型”发展区域，是节能减排的重点保护治理区域。江苏省南部区域节能减排效率空间分布具有明显的阶段性发展特征。“十一五”时期，南部区域主要表现为以“HL 集聚”为主的空间分布格局，呈现“中心高、四周低”的分布特征，城市间极化现象较为严重，属于“凸”型城市节能减排效率分布区域，包括上海、无锡、苏州，这从侧面反映出这些城市对周围城市的辐射带动作用较弱。“十二五”时期，南部区域的苏州发挥了对周边城市的辐射带动作用，由“HL 集聚”城市转变为“HH 集聚”城市，但作为江苏省中心城市的上海、无锡仍属于“HL 集聚”城市，这表明江苏省中心城市节能减排效率的辐射带动作用并不强。“十三五”时期，属于“HL 集聚”的城市包括无锡、南京，城市间极化现象并未得到改善。而常州、苏州属于“LH 集聚”城市，这两个城市自身节能减排效率较低，但却被高效率城市所包围，属于“凹”型节能减排效率分布区域。

长三角城市群中浙江省各城市节能减排效率在“十一五”时期呈现较大的空间分异特征，呈现“中部低效集聚，南北部分异大”的空间分布格局。浙江省中部区域表现为以“LL 集聚”为主的空间分布特征，属节能减排“低效型”

区域。北部与南部区域呈现以“LH 集聚”为主的空间分布特征，空间上形成“中心低，四周高”的分布，属于区域节能减排效率发展的洼地，这类型城市应积极探索适合自身发展规律的节能减排提升路径。“十二五”时期及“十三五”时期，浙江省城市空间分布格局较为稳定，呈现以“LL 集聚”为主的“低效型”空间分布格局，低效率城市被低效率城市包围。这两个时期内宁波均属于“LH 集聚”类型，而舟山属于“HL 集聚”类型。

长三角城市群中安徽省各城市节能减排效率空间分布呈现明显的阶段性特征。“十一五”时期，呈现“东西部差异大，南北部极化严重”的空间分布格局。安徽省西部区域呈现以“HH 集聚”为主的空间分布格局，西部区域节能减排效率处于较高水平，高效率城市被高效率城市包围，属于节能减排的重点保护区域。东部区域呈现以“LL 集聚”为主的空间分布格局，属于节能减排“低效型”区域。北部的滁州与南部的宣城属于“HL 集聚”城市，极化现象严重，属于“凹”型节能减排效率分布区域。“十二五”时期，安徽省各城市节能减排效率呈现“北部低效，南部分异严重”的空间分布格局。北部区域形成以“LL 集聚”为主的空间分布格局，而南部区域形成以“LH 集聚”和“HL 集聚”为主的空间分布格局。“十三五”时期，安徽省各城市节能减排效率形成以“LH 集聚”为主的空间分布格局，表现为“中心低、四周高”的负向空间相关性，空间分异程度较为严重。其中合肥属于“LL 集聚”的“低效型”城市。值得注意的是，铜陵与池州在三个发展阶段均属于“HH 集聚”的“高效型”城市，说明这两个城市在区域节能减排表现中处于较优状态。

（三）珠三角城市群节能减排效率空间分布特征

通过对 LISA 聚类图的分析可以发现，珠三角城市群北部区域节能减排效率的空间分布格局在不同发展阶段较为稳定，而南部区域呈现较大变化。整体上而言，珠三角城市群北部区域节能减排效率的空间分布格局在“十一五”时期、“十二五”时期及“十三五”时期均呈现严重的极化现象。“十一五”时期，惠州属于“HH 集聚”的“高效型”城市，东莞属于“LH 集聚”的“凹”型节能减排效率分布城市，佛山属于“LL 集聚”的“低效型”城市，而广州、深圳、肇庆3市均呈现以"HL集聚"为主的空间分布格局，节能减排效率的空间极化现象较为严重。"十二五"及"十三五"时期，北部各城市节能减排效率均呈现以"LH集聚"和"HL集聚"为主的空间分布格局，其中"LH集聚"的城市包括惠州、东莞、肇庆，"HL集聚"的城市包括广州、深圳、佛山。

珠三角南部区域3个城市空间分布格局在不同发展阶段呈现较大变动。其中，江门由"十一五"时期与"十二五"时期的"LL集聚"的"低效型"城市转变为"十三五"时期的"LH集聚"的"凹"型节能减排效率城市，而珠海由"HL集聚"的"极化型"城市转变为"HH集聚"的"高效型"城市。中山在三个发展阶段经历了三种类型的变化，由最初的"低效型"城市过渡到"凹"型发展城市，最终转变为"HH集聚"的"高效型"城市。可见，珠海、中山节能减排效率在研究期间取得了阶段性进展，最终转变为"HH集聚"的"高效型"城市，其他城市可积极探索其成功经验。

## 二、节能减排空间治理分析

上述研究深入分析了京津冀、长三角、珠三角城市群节能减排效率在不同发展阶段的空间分布格局，本节基于京津冀、长三角、珠三角城市群2006~2018年节能减排效率均值，综合考虑三大城市群节能减排效率在整个研究期内的空间分布特征，将京津冀、长三角、珠三角城市群划分为四个区域，分别为"核心保护区""重点补偿区""严治扩散区"和"警惕分异区"（分别对应LISA聚类图中的"HH集聚区""LH集聚区""LL集聚区"和"HL集聚区"）。在深入分析四个区域节能减排效率空间集聚特征的基础上，提出各区域城市节能减排效率提升的空间治理模式，以促进城市群节能减排效率在空间上形成合作共赢的发展格局。

从上文分析可知，节能减排效率在空间上主要形成四种集聚特征："HH集聚""LH集聚""LL集聚"和"HL集聚"。各区域节能减排效率具有不同的空间相互作用。位于"HH集聚"区域的城市不仅自身节能减排效率处于较高水平，而且周围城市的节能减排效率也处于较高水平，节能减排效率在城市之间形

成相互促进、高效发展的空间分布格局。这一区域的城市是节能减排效率的重点保护区域，应作为空间治理过程中的“核心保护区”。位于“LH 集聚”区域的城市本身节能减排效率处于较低水平，但周围城市的节能减排效率却处于较高水平，呈现“中心低，四周高”的空间发展格局，周围城市对其拉动效应较弱。这一区域的城市是节能减排效率发展的“洼地”，要提升自身效率水平，就要加强高效率区域城市对其的补偿，这些城市是空间治理过程中的“重点补偿区”。位于“LL 集聚”区域的城市，节能减排效率均被锁定在较低水平，不仅自身节能减排效率处于较低水平，周围城市的节能减排效率也处于较低水平，在空间上形成“低效集聚”，相邻城市之间存在较强的环境污染溢出效应。这一区域的城市是高排放、高污染的集中扩散区，应作为空间治理过程中的“严治扩散区”。位于“HL 集聚”区域的城市，存在明显的空间分异特征，高效率城市被低效率城市包围，高效率城市对低效率城市的辐射带动作用较弱，空间溢出效应不显著，城市之间极化现象较为严重。这一区域的城市一方面要加强高效率城市对周边城市的辐射带动作用，另一方面要警惕周围低效率城市将污染物转移至高效率城市。这一区域是空间治理过程中的“警惕分异区”。

在京津冀城市群中，承德、秦皇岛、廊坊位于“核心保护区”，这些城市主要分布在京津冀城市群的北部区域，生态环境要素禀赋及环境治理建设水平较高，保持了较高的节能减排效率水平，是京津冀城市群中节能减排效率空间治理的核心带动区，充分发挥这些城市的核心带动能力，可促进京津冀城市群整体节能减排效率的提升；张家口、保定、天津、唐山属于“重点补偿区”，这些城市在空间上形成“LH 集聚”的分布特征，这些城市要加速建立区域内节能减排效率补偿机制，积极促进“重点保护区”城市对该区域城市的补偿，依托“北京非首都功能疏解”和“京津冀产业转移”两个发展契机，积极提升本区域节能减排效率水平；沧州、石家庄、邢台、邯郸属于“严治扩散区”，是京津冀城市群内节能减排效率发展的“洼地”，位于京津冀城市群南部区域，是空间治理的重点关注区域，该区域城市应依据各城市资源禀赋条件，积极加速城市产业结构转型升级，制定相关能源环境治理政策，倒逼企业进行转型升级，以加速提升区域节能减排效率水平；北京、衡水位于“警惕分异区”，应依据自身发展优势积极辐射带动周围城市的发展。

在长三角城市群中，位于“核心保护区”“重点补偿区”“严治扩散区”“警惕分异区”的城市数量分别为4个、5个、12个、6个，可见大部分城市均位于以“LL集聚”为主的“严治扩散区”。位于“核心保护区”的城市数量仅有4个，表明长三角城市群节能减排效率的空间差异性较大，节能减排效率发展梯度明显，尚未形成全域内稳定的空间发展格局，应积极推动空间治理政策的实施，加快形成各城市间优势互补、高效发展的节能减排空间分布格局。位于“核心保护区”的城市包括铜陵、池州、安庆、苏州，这些城市是长三角城市群中节能减排效率空间治理的核心带动区。位于“重点补偿区”的城市包括常州、合肥、芜湖、宁波、温州，这些城市应依托长三角高质量一体化发展优势，建立城市之间更加紧密有效的合作机制，积极提升本区域节能减排效率水平。位于“警惕分异区”的城市包括上海、无锡、宣城、滁州、舟山、台州，这些城市一方面要加强相关节能减排政策的针对性，警惕周围城市将“高污染、高排放”企业转移至本区域；另一方面要在保持自身节能减排效率发展的前提下，积极发挥自身优势，辐射带动周围城市节能减排效率的发展。值得注意的是，城市群内的一些核心城市，如上海、无锡等也属于该区域，这两个核心城市应依托自身在城市群中的核心地位及经济发展实力，积极提升对周围城市的辐射带动作用。其余12个城市位于“严治扩散区”，这些城市是长三角城市群节能减排效率空间治理的重点区域，位于该区域的城市应加大节能减排政策力度，加快推进城市节能减排效率的提升。

在珠三角城市群中，只有肇庆节能减排效率表现较好，属于“核心保护区”，是珠三角城市群节能减排效率提升的核心驱动区；惠州和东莞属于“重点补偿区”，需要依据自身资源禀赋及周边城市发展状况，建立合适的补偿机制；江门、中山属于“严治扩散区”，是珠三角城市群空间治理的重点区域；广州、深圳、珠海、佛山均属于“警惕分异区”，其中，广州、深圳作为珠三角城市群中的核心城市，要增强其核心辐射带动作用，形成珠三角城市群内节能减排效率

的增长极，以促进整个城市群形成稳定的节能减排效率空间分布格局。

## 本章小结

本章通过探索性空间数据分析方法对京津冀、长三角、珠三角城市群节能减排效率的全局莫兰指数和局部莫兰指数进行测算，分析了中国三大城市群节能减排效率的空间集聚特征。在此基础上，通过 LISA 聚类图分析了京津冀、长三角、珠三角城市群在各发展阶段的空间分布格局。并以此为依据将京津冀、长三角、珠三角城市群划分为四个区域，分区域提出三大城市群节能减排效率提升的空间治理模式，这对其他城市群实施空间治理提供了重要的参考依据。

# 第六章　中国三大城市群节能减排效率影响因素空间计量分析

第五章关于中国三大城市群节能减排效率空间相关性的分析表明，京津冀、长三角、珠三角城市群节能减排效率呈现一定的空间依赖性，各城市节能减排效率与邻近城市节能减排效率有紧密联系。因此，本章采用空间计量经济模型对京津冀、长三角、珠三角城市群节能减排效率的影响因素进行分析，并探究各因素对三大城市群节能减排效率的空间溢出效应，进而有针对性地提出提升三大城市群节能减排效率的对策建议。

## 第一节　空间计量经济模型构建及检验

### 一、空间计量经济模型构建

普通面板模型的计量检验和估计方法已经非常成熟，被广泛运用于各类经济计量实证研究中。但是如果变量之间存在空间效应，则估计模型不再服从普通面板模型的基本假设，若仍采用普通面板模型进行研究将导致检验统计量出现水平扭曲、参数估计不一致性或非有效性等问题，这种情况下就需要采用空间计量经

济模型进行估计[184]。随着新经济地理学的发展，空间计量经济模型被广泛运用于区域发展、生态环境、创新发展等领域[185-190]。目前，被广泛应用的空间计量经济模型主要包含空间滞后模型（Spatial Lag Model，SLM）、空间误差模型（Spatial Error Model，SEM）及空间杜宾模型（Spatial Durbin Model，SDM），其中 SLM 和 SEM 是空间计量经济模型中最基本的模型。这三种空间计量模型代表不同的经济含义，即空间交互效应通过何种机制产生。SLM 模型认为所有解释变量都会通过空间传导机制直接作用于因变量，SEM 模型则假定误差项是产生空间交互效应的来源，SDM 模型同时包含 SLM 和 SEM 模型的两类假设[191]。

SLM 模型主要考虑被解释变量间的内生交互效应，用于检验研究变量的空间外溢效应。SLM 模型的空间外溢效应根据滞后项进行判断，具体表达式如下：

$$Y=\rho WY+\beta X+\varepsilon \tag{6.1}$$

其中，$Y$ 为被解释变量，即各城市节能减排效率；$WY$ 为被解释变量的空间滞后项，$\rho$ 为空间滞后系数，反映相邻地区节能减排效率对本地区的影响；$W$ 为空间权重矩阵，笔者采用邻接空间权重矩阵；$X$ 为解释变量，$\beta$ 为待估计系数；$\varepsilon$ 为随机误差项，且 $\varepsilon\sim N(0,\ \sigma^2)$。

SEM 模型主要考虑误差项的空间交互作用，即被解释变量的空间外溢效应来源于干扰项，空间相关性由误差项的滞后项造成。SEM 模型用于检验相邻地区被解释变量的误差项导致的溢出效应对本地区观测值的影响，具体表达式如下：

$$Y=\beta X+\mu,\ \mu=\lambda W\mu+\varepsilon \tag{6.2}$$

其中，$Y$ 为被解释变量；$X$ 为解释变量，$\beta$ 为待估计系数；$\lambda$ 为空间误差系数，$\mu$ 表示相邻地区节能减排效率的误差冲击对本地区节能减排效率的影响；$\varepsilon$ 为随机误差项，且 $\varepsilon\sim N(0,\ \sigma^2)$。

SDM 模型是 SLM 和 SEM 模型的一般形式，可以将空间单元的相互影响和误差项的空间关系同时纳入模型，具备兼顾空间效应和时间效应的优点，具体表达式如下：

$$Y=\rho WY+\beta X+\gamma WX+\varepsilon \tag{6.3}$$

其中，$\rho$ 和 $\gamma$ 分别为被解释变量和解释变量的空间滞后项系数，其他变量含义与 SLM 和 SEM 模型中的变量含义相同。

Anselin 于 1988 年提出空间计量经济模型应该被用来度量空间溢出效应[73]。当空间计量模型中存在解释变量或被解释变量的空间滞后项时，可将空间效应分解为直接效应和间接效应，对模型的参数进行具体的解释[144,191,192]。鉴于此，笔者依据 Lesage 等提出的偏微分分解法，将 SDM 模型右侧含有因变量的项目移动到左侧，等式两边同时左乘“空间里昂惕夫逆矩阵”[193]，则式（6.3）的 SDM 模型可以改写成：

$$Y=(I-\rho W)^{-1}+(I-\rho W)^{-1}(\beta X+\gamma WX)+(I-\rho W)^{-1}\varepsilon \tag{6.4}$$

依据式（6.4），可以得出因变量中关于第 $k$ 个变量的偏微分方程矩阵，具体表达式如下：

$$\left[\frac{\partial Y}{\partial X_{1k}},\ \cdots,\ \frac{\partial Y}{\partial X_{nk}}\right]=(I-\rho W)^{-1}[\beta I+\gamma W]=\begin{bmatrix}\beta_k & W_{12}\gamma_k & \cdots & W_{1n}\gamma_k \\ W_{21}\gamma_k & \beta_k & \cdots & W_{2n}\gamma_k \\ \vdots & \vdots & \ddots & \vdots \\ W_{n1}\gamma_k & W_{n2}\gamma_k & \cdots & \beta_k\end{bmatrix} \tag{6.5}$$

其中，直接效应和间接效应分别对应上式矩阵中的对角线元素和非对角线元素。直接效应反映本地解释变量对本地被解释变量的影响，间接效应反映本地解释变量对邻近地区被解释变量的影响，即变量的空间溢出效应。直接效应与间接效应相加即为总效应。

## 二、模型估计与检验

关于最优空间计量经济模型的选取，笔者参照 Elhorst 和 Anselin 的检验思路，采用“具体到一般，一般到具体”的思路，通过构建统计检验量对模型进行检验和选择[73,194]，以确定三大城市群节能减排效率影响因素研究的最优空间计量模型。具体检验步骤如下：

第一，按照“具体到一般”的思路，首先基于无空间交互效应传统面板模型（Ordinary Least Square，OLS）的回归残差进行空间相关性检验（Moran’s I 检

验）及拉格朗日乘数检验（LM 检验），以验证空间计量经济模型的适用性。如果回归残差的 Moran's I 与 LM-error 统计量通过显著性检验，则表明该模型回归残差存在空间相关性，OLS 模型不再适用，需使用空间计量经济模型。此外，可依据 LM 检验统计量 LM-Lag 和 LM-Error 的显著性大小对 SLM 模型和 SEM 模型的适用性进行初步判断。若 SLM 模型的检验量 LM-Lag 和 SEM 模型的检验量 LM-Error 都不显著，则选取 OLS 模型；若 LM-Lag 显著而 LM-Error 不显著，则选取 SLM 模型，反之，若 LM-Lag 不显著而 LM-Error 显著，则选取 SEM 模型；若 LM-Lag 和 LM-Error 都显著，则需要进一步检验 Robust LM-Lag 和 Robust LM-Error 统计量的显著性，若 SLM 模型的检验量 Robust LM-Lag 比 SEM 模型的统计量 Robust LM-Error 显著，则选择 SLM 模型，反之，则选择 SEM 模型。

第二，按照"一般到具体"的思路，进一步利用内生变量空间滞后 Wald 或 LR 检验量、误差项空间自回归 Wald 或 LR 检验量检验空间杜宾模型（SDM）能否简化为 SLM 或 SEM 模型。若空间滞后 Wald 或 LR 检验量和误差项空间自回归 Wald 或 LR 检验量均拒绝原假设，则选取 SDM 模型；若空间滞后 Wald 或 LR 统计量通过显著性检验，而误差项空间自回归 Wald 或 LR 统计量未通过显著性检验，则说明 SDM 模型可以简化为 SEM 模型。同时结合第二步模型选择结果，如果第二步同样选择 SEM 模型，则最终确定最优空间计量经济模型为 SEM 模型；反之，若空间滞后 Wald 或 LR 统计量未通过显著性检验，而误差项空间自回归 Wald 或 LR 统计量通过显著性检验，则说明 SDM 模型可以简化为 SLM 模型，并且第二步同样选取 SLM 模型，则最终确定最优空间计量模型为 SLM 模型。需要说明的是，如果此处关于 SDM 模型的 Wald 或 LR 检验与上述第二步 LM 检验结果不对应，则优先选取 SDM 模型，因为 SDM 模型同时包含了被解释变量和解释变量的空间滞后项，是 SLM 和 SEM 模型的一般形式。

第三，通过 Hausman 检验判定上述确定的模型采用固定效应还是随机效应。若 Hausman 检验结果通过显著性检验，则选取固定效应模型；反之，若 Hausman 检验结果未通过显著性检验，则选取随机效应模型。如果检验结果确定采用随机效应模型，则不再需要进行后续的检验。

第四，若上述步骤最终确定采用固定效应模型，则需要通过似然比检验（LR 检验）判断双向固定效应模型是否可以简化为地区固定效应模型或时间固定效应模型。若地区固定效应模型的 LR 检验统计量和时间固定效应模型的 LR 检验统计量均通过显著性检验，则选取双向固定效应模型；若地区固定效应模型的 LR 检验通过显著性检验，而时间固定效应模型的 LR 检验未通过显著性检验，说明双向固定效应模型可以简化为时间固定效应模型，则选择时间固定效应模型。反之，若地区固定效应模型的 LR 检验未通过显著性检验，而时间固定效应模型的 LR 检验通过显著性检验，则选择地区固定效应。需要注意的是，除依据上述检验统计量对双向固定效应、地区固定效应、时间固定效应模型进行选取外，还需要结合各类模型的具体估计结果及实际经济学含义选取最优的固定效应模型。

## 第二节　中国三大城市群节能减排效率影响因素指标选取

### 一、影响因素选择

由于估计模型及数据可获得性的限制，在实际研究中通常无法将节能减排效率的全部影响因素都纳入回归模型中进行考察。因此，本书主要通过对相关研究文献进行归纳和总结（具体可见第二章第三节中关于节能减排效率影响因素的文献综述），以选取适当的影响因素对三大城市群节能减排效率进行空间计量分析。在现有研究的基础上，考虑到数据的可获得性，笔者选取经济发展水平、产业结构调整、能源结构、城市发展水平、对外开放程度及环境规制 6 个因素，分析其对京津冀、长三角、珠三角城市群节能减排效率的影响，其中城市发展水平通过城镇化率与城市规模两个指标表征，各影响因素的具体衡量及说明如表 6-1 所示。

表 6-1　节能减排效率影响因素变量及说明

| 影响因素 | 符号 | 变量定义 | 单位 |
| --- | --- | --- | --- |
| 经济发展水平 | ED | 人均 GDP | 万元 |
| 产业结构调整 | IS | 第三产业增加值/第二产业增加值 | — |
| 能源结构 | ES | 工业用电量/城市总用电量 | % |
| 城镇化率 | UR | 城镇人口总数/总人口数 | % |
| 城市规模 | US | 城市总人口数 | 万人 |
| 对外开放程度 | OD | 外商直接投资额/GDP | % |
| 环境规制 | ER | 综合指标 | — |

资料来源：笔者整理所得。

（1）经济发展水平。大多数研究表明人均 GDP 可以准确反映和描述不同地区经济发展水平的差异[145,195]，故笔者同样采用人均 GDP 表征经济发展水平。关于经济发展水平与能源环境效率之间的关系，大多数研究验证了环境库兹涅茨曲线理论的成立，认为经济发展初期，为了加速经济发展进程，经济生产活动往往伴随大量的能源消耗及严重的污染物排放，从而造成能源环境效率下降，但是随着经济社会的持续发展及相关节能与减排技术的完善，环境污染程度逐渐减缓，环境质量逐渐得到改善，实现了节能减排效率的提升，即经济发展与节能减排效率之间呈现“U”形曲线关系。为了验证环境库兹涅茨曲线理论，笔者在回归模型中引入经济发展水平的平方项。

（2）产业结构调整（IS）。已有研究主要通过产业结构占比（即第二产业占 GDP 的比重或第三产业占 GDP 的比重）对产业结构调整程度进行表征。中国经济进入新常态发展后，经济发展模式逐渐由粗放式发展向追求产业结构调整的内涵式发展转变，使得产业结构与节能减排之间的联系日益紧密[6]。大量研究表明产业结构是节能减排效率的重要影响因素，但是关于二者之间具体的关系，学术界并没有得出一致性的结论。多数研究证实产业结构调整可以优化产业结构，推动产业升级转型，促进节能减排效率的提升，即产业结构调整与节能减排效率之间呈现显著的正相关性[49,196]。但是一些学者的研究表明产业结构调整与节能减排之间存在非线性关系，认为产业结构调整只有越过一定门槛值后，才会促进节能减排效率的提升。究其原因，主要是环境污染多集中在以工业为主的第二产业中，当经济发展以第二产业为主导时，环境污染状况会持续恶化，但是当产业结构由以第二产业为主导向以第三产业为主导进行调整时，环境污染状况会逐渐得到改善，带来节能减排效率的提升[197,198]。为验证产业结构调整对中国三大城市群节能减排效率的影响，笔者选取第三产业增加值与第二产业增加值的比重表征产业结构调整指数。

（3）能源结构。长期以来，我国经济发展一直处在粗放型发展阶段，加上工业污染物排放约束机制尚未完全建立，造成我国能源消费长期过度依赖于煤炭。北京大学国家发展研究院能源安全与国家发展研究中心数据显示，改革开放以来，煤炭在我国能源消费结构中的比重长期保持在70%左右。以煤炭为主的能源消费特征给节能减排效率提升带来了巨大挑战[99]。在指标设定方面，大多数研究主要采用煤炭消费结构或煤炭消费规模表征能源结构。但是统计年鉴中关于城市层面详细的能源消费结构并未统一全面记载，考虑到工业是能源消费的主体，笔者参照李健和刘召[199] 的研究，选取工业用电量占城市总用电量的比例对能源结构进行表征。

（4）城市发展水平。改革开放以来，我国城镇化发展得到显著提升。常住人口城镇化率由 1978 年的 17.92% 提高到 2019 年的 60.60%，年均增长为 1.04%，已经步入城镇化较快发展的中后期。城镇化的快速发展有效推动了我国经济社会的繁荣发展，但同时也带来了一系列诸如大城市病、资源约束趋紧、结构性减速、环境恶化等棘手问题[200,201]。城镇化与资源环境的协调发展一直以来都是国内外学术界研究的重点。从经济学理论来看，城镇化发展水平越高则表示城市中聚集的人口规模越大，这就会造成公共需求的增加，进而导致能源消费量和环境污染排放加剧，造成能源环境效率的下降。但也有一部分学者认为城镇化水平发展到一定程度后，会通过资源优化配置、经济结构转型、居民素质提升以及技术创新发展等发挥规模效应，实现能源利用效率的提高。现有大多数研究通常采用人口相关指标（如城镇总人口数、常住人口城镇化率、户籍人口城镇化率）表征城镇化水平[202-204]。笔者从城镇化水平与城市规模两方面对城市发展水平进行考量，以深入分析中国三大城市群城市化发展对节能减排效率的影响。其

中，城镇化水平以城市常住人口城镇化率表征，城市规模通过城市总人口数量表征。

（5）对外开放程度。对外开放程度对能源环境效率的影响具有两面性，相关理论主要包含“污染天堂假说”和“污染光环假说”[195]。“污染天堂假说”（也称为“污染避难所假说”）认为发达国家会将本国产业链中部分高污染高排放行业转移到发展中国家，在一定程度上造成环境质量的下降。相反，“污染光环假说”却认为外商企业投资会为东道主国家带来先进的技术和管理经验，从而促进能源环境效率的改善。中国三大城市群集聚了大量对外开放程度较高的城市，尤其是处在改革开放前列的珠三角城市群，是我国南方对外开放的重要门户。因此，有必要深入探究对外开放程度对三大城市群节能减排效率的影响。已有相关研究主要采用外商投资水平（如外商投资总额、外商投资占 GDP 的比重）表征对外开放程度。笔者选取外商直接投资总额占 GDP 的比值反映中国三大城市群对外开放程度。

（6）环境规制。环境问题的负外部性以及微观经济主体机会主义的存在，使得单单依靠市场很难实现节能减排目标，企业作为节能减排行动主体，多数情况下往往无法实现在注重自身发展的同时肩负起环境保护的社会责任，从而需要政府适当干预以实现节能减排目标[205]。环境规制主要指政府对于污染行为直接或间接的干预。大量研究及实践证明环境规制是处理环境外部性的有效手段。环境规制方式包含一系列政策约束、行政法规、政府经济手段、公众参与等。由于涵盖范围较为广泛，学术界对环境规制强度的定量测算并未形成统一标准。总体上而言，现有研究主要基于环境治污能力、污染治理费用、环境法规政策数量、经济发展水平、污染物排放总量等视角选取代理变量对其进行研究。笔者从污染物治理能力出发，借鉴徐建中和王曼曼、Ren 等提出的综合指标构建方法[206,207]，选取工业固体废物综合利用率、生活垃圾无害化处理率、生活污水处理率，通过熵权法对环境规制强度进行综合测算。

## 二、数据来源与说明

上述各影响因素变量的原始数据均来源于《中国城市统计年鉴》、相应省份及各市统计年鉴、统计公报等资料。需要说明的是，由于外商直接投资额的单位是美元，笔者依据历年《中国人民银行年报》公布的平均汇率将其折算成人民币。京津冀、长三角、珠三角城市群各影响因素的详细描述性统计如表 6-2 所示。

**表 6-2　中国三大城市群节能减排效率影响因素变量的描述性统计**

| 变量 | | 2006 年 | | | | 2018 年 | | | |
|---|---|---|---|---|---|---|---|---|---|
| | | 最大值 | 最小值 | 均值 | 标准差 | 最大值 | 最小值 | 均值 | 标准差 |
| 京津冀 | ED | 5. 296 | 1. 115 | 2. 164 | 1. 256 | 14. 021 | 2. 921 | 6. 010 | 3. 401 |
| | IS | 2. 758 | 0. 434 | 0. 878 | 0. 590 | 4. 348 | 0. 749 | 1. 508 | 0. 855 |
| | ES | 92. 758 | 38. 225 | 73. 237 | 13. 700 | 82. 676 | 26. 901 | 61. 759 | 12. 792 |
| | UR | 84. 335 | 22. 729 | 38. 363 | 18. 794 | 86. 501 | 52. 060 | 60. 978 | 10. 869 |
| | US | 1197. 600 | 280. 540 | 698. 893 | 288. 994 | 1376. 000 | 300. 000 | 778. 923 | 331. 902 |
| | OD | 7. 152 | 0. 209 | 2. 251 | 1. 872 | 4. 667 | 0. 941 | 2. 130 | 1. 007 |
| | ER | 0. 942 | 0. 183 | 0. 666 | 0. 276 | 0. 998 | 0. 615 | 0. 802 | 0. 128 |
| 长三角 | ED | 6. 313 | 0. 876 | 3. 158 | 1. 500 | 17. 427 | 4. 109 | 10. 260 | 3. 722 |
| | IS | 1. 101 | 0. 450 | 0. 748 | 0. 197 | 2. 347 | 0. 646 | 1. 121 | 0. 382 |
| | ES | 91. 216 | 49. 381 | 73. 407 | 10. 405 | 84. 134 | 42. 306 | 67. 951 | 10. 239 |
| | UR | 88. 700 | 17. 035 | 51. 226 | 17. 765 | 88. 100 | 49. 220 | 67. 511 | 8. 784 |
| | US | 1368. 080 | 73. 110 | 471. 014 | 267. 715 | 1462. 000 | 97. 000 | 518. 667 | 279. 553 |
| | OD | 11. 181 | 0. 908 | 4. 639 | 2. 485 | 8. 920 | 0. 408 | 2. 795 | 1. 933 |
| | ER | 1. 000 | 0. 156 | 0. 770 | 0. 224 | 0. 931 | 0. 493 | 0. 782 | 0. 123 |
| 珠三角 | ED | 6. 970 | 1. 365 | 4. 216 | 1. 790 | 18. 957 | 5. 327 | 11. 597 | 4. 341 |
| | IS | 1. 464 | 0. 548 | 0. 849 | 0. 335 | 2. 631 | 0. 744 | 1. 220 | 0. 545 |
| | ES | 82. 742 | 51. 732 | 67. 253 | 9. 390 | 71. 950 | 46. 446 | 63. 187 | 8. 111 |
| | UR | 100. 000 | 44. 850 | 75. 788 | 18. 266 | 99. 750 | 47. 760 | 81. 731 | 15. 734 |
| | US | 760. 720 | 92. 630 | 313. 023 | 191. 078 | 928. 000 | 127. 000 | 398. 444 | 220. 731 |
| | OD | 10. 366 | 2. 945 | 6. 109 | 2. 394 | 10. 654 | 0. 000 | 3. 042 | 3. 081 |
| | ER | 0. 893 | 0. 268 | 0. 703 | 0. 195 | 0. 911 | 0. 763 | 0. 837 | 0. 046 |

资料来源：笔者计算所得。

从表 6-2 可以看出，各影响因素在京津冀、长三角、珠三角城市群间存在较大差异。2006 年珠三角城市群经济发展水平分别是京津冀、长三角城市群的 1.95 倍、1.33 倍，但 2018 年珠三角城市群经济发展水平分别降至京津冀、长三角城市群的 1.93 倍、1.13 倍，说明三大城市群的经济发展差距逐年减弱；京津冀、长三角、珠三角城市群产业结构调整指数在 2006 年均小于 1，但在 2018 年该值均大于 1，表明三大城市群产业结构发生重大调整，由第二产业主导转变为第三产业主导，并且京津冀城市群产业结构调整指数明显大于长三角和珠三角城市群；2006 年京津冀城市群能源结构与长三角城市群较为相近，工业用电比重基本保持在 73%左右，而珠三角城市群工业用电占比在 70%以下，但 2018 年三大城市群能源结构调整均取得显著进步，工业用电占比基本维持在 60%左右；京津冀城市群城市发展水平明显落后于长三角和珠三角城市群，京津冀城镇化率在三大城市群中是最低的，但是城市总人口数量在三大城市群中却是最多的，表明京津冀城市群城市化发展进程较缓慢，并且在发展中面临大城市病的问题；珠三角城市群对外开放程度在 2006 年远高于京津冀和长三角城市群，但在 2018 年三大城市群对外开放程度之间的差距缩小；京津冀和珠三角城市群环境规制强度在研究期间得到较大幅度的提高，而长三角城市群环境规制强度变动幅度较小。

通过分析各影响因素变量在 2006 年和 2018 年标准差的变化，发现京津冀城市群经济发展水平、产业结构调整、城市规模变量的差异在研究期间呈扩大趋势，长三角城市群经济发展水平、城市规模变量的差异在研究期间呈扩大趋势，而珠三角城市群产业结构调整、城市规模、对外开放程度等变量的差异在研究期间呈扩大趋势。总体而言，各变量在京津冀、长三角、珠三角城市群中存在较大差异。因此，有必要深入探究这些因素对三大城市群节能减排效率的影响，以识别影响三大城市群节能减排效率提升的关键因素。

# 第三节　中国三大城市群节能减排效率影响因素效应及对策建议

## 一、空间计量经济模型选择检验

依据上文所述检验思路与检验步骤，分别对京津冀、长三角、珠三角城市群进行模型的检验与估计，以确定三大城市群节能减排效率影响因素的最优空间计量经济模型，详细检验步骤及检验结果如表 6-3 所示。

**表 6-3　中国三大城市群空间计量模型检验结果**

| 变量 | 京津冀城市群 | 长三角城市群 | 珠三角城市群 |
|---|---|---|---|
| 步骤一 | | | |
| Moran's I | 2.280** | 2.470** | 2.743*** |
| LM-error | 30.107*** | 52.984*** | 25.835*** |
| Robust LM-error | 20.048*** | 31.801*** | 5.927** |
| LM-lag | 10.113*** | 21.367*** | 22.579*** |
| Robust LM-lag | 0.054 | 0.185 | 2.671 |
| 步骤二 | | | |
| LR test（H0：SLM nested in SDM） | 42.56*** | 56.00*** | 29.68*** |
| LR test（H0：SEM nested in SDM） | 39.87*** | 51.21*** | 29.96*** |
| Wald-spatial lag | 44.33*** | 54.76*** | 33.54*** |
| Wald-spatial error | 48.50*** | 60.38*** | 30.12*** |
| 步骤三 | | | |
| Hausman test | 29.45*** | 30.25*** | 51.91*** |
| 步骤四 | | | |
| LR test（H0：ind nested in both） | 45.48*** | 277.81*** | 82.58*** |
| LR test（H0：time nested in both） | 10.62 | 52.97* | 30.51* |

注：***、**、*分别表示在 1%、5%、10%的显著性水平下通过检验。
资料来源：通过 Stata 计算所得。

以京津冀城市群为例，对最优空间计量经济模型选择的步骤进行详细阐述。从表6-3中的步骤一可以看出OLS回归残差的Moran's I值在5%的置信水平下显著拒绝"OLS回归残差不存在空间相关性"的原假设。同时，LM-error与LM-lag的检验值均通过1%的显著性水平检验，这充分说明模型回归中存在残差空间相关性，应用普通面板回归可能会出现估计偏差，应该在回归模型中纳入空间效应，使用空间计量经济模型。此外，可以通过LM检验对SLM模型和SEM模型进行初步判断，可以看出LM-error及LM-lag均在1%的置信水平下通过显著性检验，故需要对比Robust LM-error及Robust LM-lag的显著性。显然，Robust LM-error的显著性大于Robust LM-lag的，因此选择SEM模型。从步骤二Hausman检验结果可以看出，模型在1%的置信水平下显著拒绝原假设，因此选择固定效应模型。从步骤三可以看出LR检验值及Wald检验值均在1%的显著水平下拒绝原假设，说明SDM模型不能简化为SLM模型及SEM模型。至此，已确定固定效应的SDM模型是最优的空间计量模型。但是固定效应模型有地区固定效应、时间固定效应及双向固定效应三种。从步骤四LR检验结果可以看出，双向固定效应可以简化为地区固定效应的LR检验值显著拒绝原假设，而双向固定效应可以简化为时间固定效应的LR检验值并未通过显著性检验，因此选择时间固定效应模型。同时，通过对比三种固定效应模型下的回归结果，发现时间固定效应模型下的拟合度最好，并且估计系数更加符合经济学含义，故最终确定为时间固定效应的SDM模型是研究京津冀城市群节能减排效率影响因素的最优空间计量经济模型。

依据同样的检验步骤，可以对长三角和珠三角城市群最优空间计量经济模型进行选择。需要说明的是，虽然步骤四中关于长三角和珠三角城市群固定效应模型选择的LR检验量均通过显著性检验，但是通过对比双向固定效应SDM模型与时间固定效应SDM模型的回归结果，发现时间固定效应SDM模型的拟合优度更高，空间滞后项系数更加显著，且各解释变量的估计系数更加符合经济学含义，故最终确定长三角和珠三角城市群节能减排效率影响因素研究的最优空间计量经济模型也为时间固定效应的SDM模型。

## 二、节能减排效率空间计量结果分析

基于上述检验结果所确定的时间固定效应 SDM 模型，对京津冀、长三角、珠三角城市群节能减排效率影响因素进行实证分析，估计结果如表 6-4 所示。可以看出三大城市群 SDM 模型中被解释变量的空间滞后系数 $\rho$ 均通过了显著性检验，说明三大城市群节能减排效率在一定程度上依赖于相邻地区的节能减排效率及其影响因素，这也从侧面反映出模型选择的合理性。但是被解释变量的空间滞后项系数在三大城市群之间存在一定差异，其中，京津冀与珠三角城市群节能减排效率的空间滞后项系数为负，说明这两大城市群节能减排效率存在显著的负向空间相关效应，而长三角城市群节能减排效率的空间滞后项系数为正，表明长三角城市群节能减排效率存在显著的正向空间相关效应，这一结论与第五章关于京津冀、长三角、珠三角城市群节能减排效率全局空间相关性分析结论一致。

**表 6-4 中国三大城市群节能减排效率影响因素估计结果**

| 变量 | 京津冀 | 长三角 | 珠三角 | 变量 | 京津冀 | 长三角 | 珠三角 |
|---|---|---|---|---|---|---|---|
| ED | 0.439** | −1.137*** | −0.942** | W×ED | −0.493 | 0.096 | −0.140 |
| | (2.01) | (−6.84) | (−2.36) | | (−1.23) | (0.39) | (−0.13) |
| $ED^2$ | −0.153** | 0.295*** | 0.314*** | $W\times ED^2$ | 0.277** | 0.024 | −0.448* |
| | (−2.28) | (6.80) | (2.86) | | (2.20) | (0.37) | (−1.69) |
| IS | 0.422*** | −0.041 | −0.220 | W×IS | −0.142 | −0.652*** | −0.157 |
| | (5.58) | (−0.51) | (−1.62) | | (−0.76) | (−4.18) | (−0.65) |
| ES | −0.739** | −0.299* | −0.404*** | W×ES | −0.853 | 1.065*** | −0.252* |
| | (−2.23) | (−1.70) | (−5.54) | | (−1.15) | (3.07) | (−1.89) |
| UR | 0.213 | 1.003*** | 2.023 | W×UR | 0.972 | −0.224 | −1.453 |
| | (0.54) | (3.83) | (0.90) | | (0.93) | (−0.45) | (−0.34) |
| US | −0.521*** | −0.386*** | −0.281*** | W×US | −0.508** | 0.191*** | 0.654*** |
| | (−5.70) | (−14.28) | (−2.91) | | (−2.18) | (2.96) | (2.86) |
| OD | 0.448 | −2.791*** | −1.063 | W×OD | 2.616 | 1.449 | 0.894 |
| | (0.20) | (−2.81) | (−1.49) | | (0.58) | (0.95) | (0.53) |
| ER | 0.159 | 0.152 | 0.126 | W×ER | 1.285*** | −0.252 | −0.041 |
| | (0.84) | (1.30) | (0.56) | | (3.16) | (−1.51) | (−0.10) |

续表

| 变量 | 京津冀 | 长三角 | 珠三角 | 变量 | 京津冀 | 长三角 | 珠三角 |
|---|---|---|---|---|---|---|---|
| $\rho$ | -0.201**<br>(-2.03) | 0.108*<br>(1.54) | -0.330***<br>(-2.93) | | | | |
| $\sigma^2$ | 0.057***<br>(9.12) | 0.068***<br>(13.22) | 0.040***<br>(7.49) | | | | |
| $R^2$ | 0.553 | 0.505 | 0.440 | | | | |
| N | 169 | 351 | 117 | | | | |

注：***、**、*分别表示在1%、5%、10%的显著性水平下通过检验。

资料来源：通过Stata计算所得。

经济发展水平对三大城市群节能减排效率的影响存在较大差异。京津冀城市群经济发展水平的系数为正值，而经济发展水平平方项的系数为负值，二者均通过显著性检验，表明经济发展水平与京津冀城市群节能减排效率呈现显著的“倒U”形曲线关系，节能减排效率随着经济发展呈现先上升后下降的发展态势，当前尚未到达转向抑制作用的拐点，环境库兹涅茨曲线理论在京津冀城市群并未得到验证。这表明京津冀城市群的经济增长在一定程度上仍以粗放式发展方式为主，经济发展与资源环境之间的矛盾仍然突出。造成这一发展困境的原因与京津冀城市群存在严重的经济环境发展不平衡和过度极化现象有关。京津冀城市群发展不平衡主要表现在北京与天津作为城市群的核心城市，保持了较快的经济增长速度，但是河北各城市经济发展仍处于较低水平，与京津两地差距较大，尤其是近几年河北承接了来自京津两地的大量高能耗、高污染产业，导致资源环境问题突出。因此，京津冀城市群迫切需要向绿色低碳发展模式进行转变。相比之下，长三角和珠三角城市群经济发展结构在各城市间发展较为均衡，故环境库兹涅茨曲线理论得到验证，经济发展与节能减排效率呈现显著的“U”形曲线关系，但是当前经济发展还处于“U”形曲线拐点的左侧。因此，尽快越过经济发展拐点，实现经济发展与节能减排效率的双赢是当前长三角和珠三角城市群的紧要任务。

产业结构调整对京津冀城市群节能减排效率提升具有显著的促进作用，但对长三角和珠三角城市群节能减排效率的影响并不显著。通过分析三大城市群产业结构调整指数，发现2006~2018年京津冀、长三角、珠三角城市群产业结构调整指数均值分别为1.05、0.87、0.97，可见京津冀城市群在研究期间形成了以第三产业为主导的产业结构，率先完成产业结构调整，实现了对节能减排效率的显著提升作用。但长三角和珠三角城市群产业结构在研究期间仍以第二产业为主，故产业结构调整对节能减排效率呈现负向影响。值得注意的是，产业结构对长三角和珠三角城市群节能减排效率的负向影响并未通过显著性检验。究其原因，主要是长三角和珠三角城市群产业结构调整指数基本接近于1，即产业结构正逐步由以第二产业为主向以第三产业为主进行过渡，即将完成产业结构调整任务。

能源结构与京津冀、长三角、珠三角城市群节能减排效率均呈现显著的负相关关系，说明能源结构是影响三大城市群节能减排效率的重要制约因素，这与大多数学者的研究结论一致[142,208]。总体而言，能源结构对京津冀城市群节能减排效率的抑制作用最强，其次是珠三角城市群，能源结构对长三角城市群节能减排效率的抑制作用最弱，这从侧面反映出京津冀城市群仍然是三大城市群中资源环境与发展矛盾最尖锐的地区。京津冀城市群作为我国能源消费的中心之一，能源消费结构以化石能源为主，工业能源消费量仍保持较高水平，面临能源利用方式较为粗放的问题。值得注意的是，在所有影响因素中，能源结构对三大城市群节能减排效率存在较大的抑制作用，这表明积极推进能源结构调整和优化，仍是三大城市群节能减排效率提升的有效途径。

城市发展水平对三大城市群节能减排效率的影响具有一定的相似性。城市规模与京津冀、长三角、珠三角城市群节能减排效率均呈现显著的负相关关系，并且城市规模对京津冀城市群节能减排效率的影响最大，对珠三角城市群的影响最小。京津冀、长三角、珠三角城市群在研究期间城市人口均值分别为745.43万人、496.20万人、348.04万人，京津冀城市群城市规模远大于长三角和珠三角城市群。本书的研究表明城市规模的持续扩张，不利于城市群节能减排效率的提升。这主要是因为城市规模越大的区域，吸纳人口的能力越强，人口的快速集聚会引发“大城市病”，造成城市内部基础设施扩张、交通需求增加、资源消耗加

剧、生态环境恶化等一系列问题，从而导致节能减排效率下降[187]。研究表明城镇化率与京津冀、长三角、珠三角城市群节能减排效率均呈现正相关关系，其中长三角城市群城镇化率对节能减排效率的正向影响通过了1%的显著性检验。这表明过低或过高水平的城镇化发展都不利于节能减排效率的提升。因此，城市群在城镇建设过程中不仅要注重城镇化发展速度，更要保障城镇化发展质量，积极推进城镇化高质量发展，合理控制城市规模。

“污染天堂假说”在长三角和珠三角城市群中得到了验证。长三角和珠三角城市群作为中国对外贸易的主要窗口，在全国对外贸易中占有较大比重，对外开放和市场化程度均处于较高水平。但在吸收外商投资的过程中，部分高能耗、高污染行业被引入，抵消了外商投资过程中先进管理技术水平对环境改善的促进作用，造成节能减排效率的降低。相比于长三角城市群，珠三角城市群节能减排效率受外商投资的影响并不显著。究其原因，可能是珠三角城市群作为改革开放的先驱，毗邻港澳，交通便利，具备优越的地理条件，是我国对外开放的前沿地区。相对于长三角城市群，珠三角城市群具有较早的对外开放经验，外商投资的营商环境及创新环境较好，因此对外开放程度对珠三角城市群的抑制作用并不显著，但在今后仍需提高外商企业的环境准入门槛，实现对外开放与节能减排的“双赢”发展。与长三角和珠三角城市群相比，京津冀城市群对外开放程度相对较低，并且京津冀城市群以首都北京为核心城市，环境准入门槛相对较高，故对外开放对京津冀节能减排效率的影响为正。但京津冀城市群对外开放的系数并未通过显著性检验，说明当前京津冀城市群引入的外商直接投资并没有达到有效促进节能减排效率提升的目的，外商投资的技术溢出效应在现阶段未得到充分发挥。

环境规制对京津冀、长三角、珠三角城市群节能减排效率均存在正向影响，但其系数并未通过显著性检验。这表明合适的环境规制强度在一定程度上可以促进节能减排效率的提升。但是由于城市群当前环境污染问题仍比较突出，而环境规制由于监管及实施方面存在一定的不足，使得提高环境规制水平并不能产生立竿见影的效果，因此环境规制系数并不显著。

## 三、节能减排效率空间溢出效应分析

从表 6-4 可以看出，模型中解释变量滞后项 W×IS、W×ES、W×US、W×ER 的系数以及被解释变量滞后项的系数 $\rho$ 均通过了显著性检验，说明这些因素对三大城市群节能减排效率存在空间溢出效应。为此，笔者依据偏微分分解法，将其分解为直接效应、间接效应、总效应（因篇幅有限，此处只列出直接效应与间接效应，总效应等于直接效应与间接效应相加），具体如表 6-5 所示。

**表 6-5　中国三大城市群节能减排效率影响因素空间溢出效应**

| 变量 | 京津冀 | | 长三角 | | 珠三角 | |
|---|---|---|---|---|---|---|
| | 直接效应 | 间接效应 | 直接效应 | 间接效应 | 直接效应 | 间接效应 |
| EC | 0.474** | -0.474 | -1.133*** | -0.026 | -0.955*** | 0.221 |
| | (2.11) | (-1.36) | (-6.69) | (-0.10) | (-2.67) | (0.25) |
| $EC^2$ | -0.172** | 0.267** | 0.295*** | 0.061 | 0.375*** | -0.497** |
| | (-2.46) | (2.39) | (6.64) | (0.83) | (3.73) | (-2.31) |
| IS | 0.441*** | -0.198 | -0.057 | -0.724*** | -0.191 | -0.072 |
| | (6.17) | (-1.27) | (-0.71) | (-3.89) | (-1.57) | (-0.37) |
| ES | -0.675** | -0.605 | -0.253 | 1.140*** | -0.388*** | -0.106 |
| | (-2.00) | (-0.90) | (-1.43) | (2.96) | (-5.63) | (-1.10) |
| UR | 0.154 | 0.751 | 0.997*** | -0.143 | 2.352 | -1.778 |
| | (0.43) | (0.81) | (4.07) | (-0.25) | (1.15) | (-0.53) |
| US | -0.495*** | -0.342* | -0.380*** | 0.166** | -0.375*** | 0.639*** |
| | (-5.85) | (-1.82) | (-14.36) | (2.56) | (-3.39) | (2.95) |
| OD | 0.331 | 2.437 | -2.749*** | 1.207 | -1.247** | 0.886 |
| | (0.16) | (0.64) | (-2.73) | (0.78) | (-2.14) | (0.64) |
| ER | 0.096 | 1.139*** | 0.140 | -0.263 | 0.128 | -0.077 |
| | (0.57) | (3.14) | (1.22) | (-1.45) | (0.57) | (-0.23) |

注：***、**、*分别表示在 1%、5%、10%的显著性水平下通过检验。

资料来源：根据 Stata 计算所得。

本部分主要对各因素的间接效应进行深入分析，以探讨各因素对节能减排效率的空间溢出效应。从表 6-5 可以看出，产业结构调整、能源结构、城市规模、环境规制在京津冀、长三角、珠三角城市群中均呈现出了较为显著的空间溢出

效应。

产业结构调整对京津冀、长三角、珠三角城市群节能减排效率均存在负向空间溢出效应，但产业结构调整对京津冀和珠三角城市群节能减排效率的负向空间溢出效应并未通过显著性检验。产业结构调整对三大城市群节能减排效率均存在负向空间溢出效应，表明三大城市群本地产业结构调整指数的提升（也即第三产业比重的提高）是由于周边城市承接了部分高污染、高能耗产业转移而实现的。这一特征使得本地产业结构调整指数的提升对邻近地区节能减排效率产生了一定的抑制作用，也即本地产业结构调整是以牺牲邻近城市能源环境为代价的。由此可见，三大城市群产业结构调整在各城市间并没有形成产业优势互补、协同发展的空间分布格局。通过对研究期间三大城市群产业结构调整指数的分析发现，京津冀和珠三角城市群已经实现或即将实现以第三产业为主导的产业结构，而长三角城市群产业结构仍以第二产业为主导。同时，从第五章关于长三角城市群节能减排效率空间分布格局的分析结果可以看出，长三角城市群中安徽省各市节能减排效率存在明显的空间分异特征，与浙江省、江苏省各市间的差距较大，各城市间产业分布不均衡现象较为突出。这些特征均使得产业结构调整对长三角城市群节能减排效率存在显著的负向空间溢出效应。

能源结构对长三角城市群节能减排效率存在显著的正向空间溢出效应，而对京津冀和珠三角城市群节能减排效率的影响不存在区域内的空间溢出效应。长三角城市群能源结构对本地节能减排效率具有抑制作用，而对周边城市节能减排效率具有促进作用，并且能源结构对周边城市的空间溢出效应明显高于其对本地的直接效应。造成这一结果的原因：一方面，本地区以工业为主的能源消费结构，使得城市整体能源利用率较低，同时还会给环境带来较为严重的污染和破坏，在一定程度上迫使本地区人口及技术向周边城市转移，人才及技术的引进使得邻近地区以较低代价获得了较高效益；另一方面，本地低水平的能源利用率可能会促使资本向邻近城市流动，从而使周围城市节能减排效率水平得到提升。

城市规模对京津冀城市群节能减排效率存在显著的负向空间溢出效应，而对长三角和珠三角城市群节能减排效率存在显著的正向空间溢出效应。城市规模对京津冀城市群节能减排效率的直接效应、间接效应均显著为负，表明城市规模的持续扩张，不仅不利于本地节能减排效率的提升，而且对邻近城市节能减排效率的提升也产生了一定的抑制作用。大量农村人口涌入城市，在一定程度上使环境的承载能力超过负荷，造成资源消耗加剧、生态环境恶化等问题，同时也使城镇就业、生产及消费活动发生重大转变，带来节能减排效率的下降。城市规模带来的生态环境问题不仅会影响当地的节能减排效率水平，还会"扩散"到邻近城市的生产消费活动中，导致邻近城市能源消费的增加和环境污染的加剧，节能减排效率随之降低。与京津冀城市群相比，城市规模对长三角和珠三角城市群节能减排效率的直接效应显著为负，而间接效应却显著为正。本地城市规模的持续扩张带来了严峻的人口压力，造成了巨大的能源消费及严重的环境污染，从而对本地节能减排效率的提升产生了抑制作用。而邻近城市面对本地较低水平的节能减排效率状况，邻近城市的政府在公众、环保部门等各方面的压力下会采取一些积极的措施提升本地能源利用率，降低污染物排放水平，即本地区对周围地区的"警示效应"发挥了作用，从而使得城市规模的空间溢出效应为正。

环境规制对京津冀城市群节能减排效率存在显著的正向空间溢出效应，而对长三角和珠三角城市群节能减排效率不存在区域内的空间溢出效应。环境规制对环境的影响，一般都基于"波特假说"理论，认为适当的环境规制有利于刺激企业进行技术创新和管理创新。但由于当前城市群内部环境污染仍较为严重，而且环境规制的实施效果具有一定的时滞性，环境规制在各方面监管及实施上仍存在一些不足，在短期内并不能显著提升本地节能减排效率水平。秦琳贵和沈体雁[209]指出地方政府在环境规制制定中存在"相互模仿"的行为，并且地方政府的环境规制之间存在互补型策略互动。环境规制的这一特性使得本地环境规制水平的提升，会诱发周边地区政府"模仿"并强化该地区环境规制水平，在一定程度上促进节能减排效率的提升。同时，这也从侧面反映出本地环境规制水平的提升会对周围地区环境规制产生一定的"警示效应"。

经济发展水平、城镇化水平、对外开放程度对京津冀、长三角、珠三角城市群节能减排效率的间接效应均未通过显著性检验，这些变量在三大城市群内尚未

形成有效的空间溢出效应。可能的原因包括以下两个方面：一是三大城市群内经济发展水平、城镇化水平、对外开放程度仍处于发展阶段，各城市间发展水平存在较大差距，尚未打破地理限制，形成城市群内各要素的空间均衡发展机制，从而导致这些因素对城市群节能减排效率的影响目前主要局限于本地，未能显著扩散到邻近地区；二是三大城市群内节能减排效率与这些影响因素之间的联系还不够紧密，共同推动节能减排效率提升的机制尚未形成。这也从侧面反映出积极推动城市群内节能减排空间治理的重要性。

## 四、节能减排效率提升的对策建议

从上述分析可以看出，各因素对京津冀、长三角、珠三角城市群节能减排效率的影响存在较大差异。根据上述各因素对三大城市群节能减排效率的影响机制，笔者结合城市群节能减排效率特征及治理实践，从以下几个方面有针对性地提出三大城市群节能减排效率提升的对策建议：

第一，以产业结构调整为突破口，构建中国三大城市群节能减排效率空间联动机制。研究发现，产业结构调整对京津冀、长三角、珠三角城市群节能减排效率存在负向空间溢出效应，本地产业结构调整对周边城市节能减排效率提升具有抑制作用。这一结论表明本地产业结构调整指数的提升是由于周边城市承接了部分高污染、高能耗产业转移而实现的，也即本地产业结构调整是以牺牲邻近城市能源环境为代价的。因此，以产业结构调整为重要突破口，积极推进产业结构调整在城市群内部各城市之间形成产业优势互补、协同发展的空间分布格局，可以显著提升三大城市群节能减排效率水平。此外，研究表明大多数因素在京津冀、长三角、珠三角城市群中尚未形成有效的空间溢出效应，导致这些因素对节能减排效率的影响只限于本地，未能显著扩散到周边城市。因此，城市群内各城市应该充分认识到空间交互作用的重要性，积极关注周边城市节能减排相关政策及各因素变动情况，加强城市间的信息共享与交流合作，打破地域限制，构建城市群节能减排效率空间联动机制，共同推动各城市节能减排效率的提升。

第二，合理控制长三角、珠三角城市群外商投资的环境准入门槛，营造良好的外部环境。研究表明，长三角和珠三角城市群在吸收外商投资过程中，引入了部分高能耗、高污染行业，抵消了先进管理技术对节能减排效率的促进作用，造成外商投资对节能减排效率产生了一定的抑制作用。因此，长三角和珠三角城市群在今后的发展中应合理控制外商投资的环境准入门槛，从源头上有效控制污染企业的进入，营造良好的外部环境，引导外商投资发挥积极的节能减排促进作用。

第三，积极探索京津冀城市群经济绿色发展转型模式，实现经济增长与节能减排效率提升的“双赢”。京津冀城市群在发展过程中存在较为严重的发展不平衡和过度极化现象，北京和天津作为城市群内的核心城市，在经济发展、产业结构、能源结构、城镇发展等方面均处于较优状态，但河北周边城市的发展与京津两地差距较大，尤其是近几年河北承接了来自京津两地的大量高污染产业，导致资源环境问题突出。这一特征使得环境库兹涅茨曲线理论在京津冀城市群中并不成立，经济的持续增长并不一定带来节能减排效率的提升，但目前京津冀城市群经济发展尚未到达转向抑制作用的拐点。因此，探索经济绿色发展转型模式，实现经济增长与节能减排效率提升的“双赢”发展是京津冀城市群节能减排效率提升的重要途径。

第四，合理调整中国三大城市群城市规模和结构，推进三大城市群城镇化高质量发展。研究表明，城镇化率或城市规模是影响京津冀、长三角、珠三角城市群节能减排效率的重要因素。中国三大城市群的城镇化发展尚处于初级阶段，城市群内部大城市病、区域布局不合理、高污染、高排放等问题尚未得到妥善处理，粗放型发展模式仍占据主导地位。这一特征导致三大城市群城镇化发展难以发挥集聚效应，达到促进节能减排效率提升的目的。因此，大力推进以高质量发展为导向的新型城镇化建设，合理控制三大城市群城市规模，协调处理好各城市间城镇化发展的不平衡问题，形成多元化、可持续的城市发展模式，是三大城市群节能减排效率提升的关键所在。

第五，积极探索中国三大城市群节能减排效率提升的内在动力与比较优势，科学调整能源结构。研究表明，能源结构对京津冀、长三角、珠三角城市群节能

减排效率均具有显著影响，其中能源结构对京津冀城市群节能减排效率的影响最大。与长三角和珠三角城市群相比，京津冀城市群存在较为严重的能源过度消费与污染物过度排放情况，因此京津冀城市群迫切需要根据各城市资源禀赋条件，积极探索能源结构调整力度，严格控制能源利用过程中的污染物排放，才能从根本上缓解高能耗与高排放之间的矛盾，提高节能减排效率水平。长三角和珠三角城市群节能压力相对较小，但是仍需探索促进能源效率提升的有效手段，以实现城市群节能减排效率的高水平发展。长三角和珠三角城市群可依托各城市创新优势，积极推进清洁能源在城市群中的应用和发展，通过培育发展新能源产业、节能材料等手段提升城市群节能减排效率水平。

## 本章小结

本章以经济发展水平、产业结构调整、能源结构、城市化发展水平、对外开放程度及环境规制为解释变量，运用空间杜宾模型分别探讨了各因素对京津冀、长三角、珠三角城市群节能减排效率的影响及空间溢出效应。

本章研究结论对其他城市或城市群节能减排政策制定具有重要的借鉴意义。笔者发现各因素对京津冀、长三角、珠三角城市群节能减排效率的影响及空间溢出效应存在较大差异，故其他城市或城市群在制定节能减排政策时，需要针对各城市的实际情况，合理评估各因素对节能减排效率的影响，从而有针对性地制定节能减排效率提升的对策建议。另外，笔者发现产业结构调整对三大城市群节能减排效率具有负向的空间溢出效应，验证了本地产业结构调整是以牺牲邻近地区能源环境为代价的。因此，其他城市和城市群在今后产业结构调整中，应充分关注本地与邻近区域间产业结构调整的相互影响，避免发生以牺牲环境为代价的产业结构调整。

# 第七章　结论与展望

## 第一节　主要结论

京津冀、长三角、珠三角城市群作为拉动中国经济增长的重要引擎，能否实现节能减排效率的高水平发展是决定中国未来能否顺利完成绿色转型升级的关键所在。因此，笔者选取京津冀、长三角、珠三角城市群 49 个城市为研究对象，对其节能减排效率及空间治理问题进行深入研究。首先，基于节能减排效率内涵，构建考虑环境收益的节能减排效率评价指标体系，采用考虑非期望产出的超效率 SBM 模型，对三大城市群节能减排效率进行测算；其次，运用 GML 指数模型对三大城市群节能减排效率的动态特征及内在驱动因素进行分析，通过构建节能与减排潜力测算模型对三大城市群节能潜力与减排潜力进行分析，明确了各城市群节能减排实施路径；再次，采用探索性空间数据分析方法分别从全局和局部两个角度对三大城市群节能减排效率的空间效应进行深入探讨，并通过 LISA 聚类图分析三大城市群节能减排效率在各发展阶段的空间分布格局，提出了三大城市群节能减排空间治理模式；最后，采用空间杜宾模型分析了经济发展水平、产业结构调整、能源结构、城市发展水平、对外开放程度及环境规制对三大城市群

节能减排效率的影响及空间溢出效应，提出了提升三大城市群节能减排效率的对策建议。通过上述研究，得出如下主要结论：

第一，考虑环境收益情形下中国三大城市群的节能减排效率明显高于不考虑环境收益情形下的，三大城市群节能减排效率变动趋势、有效单元数量、各城市效率值及城市效率排名在两种情形下均存在显著差异，表明环境收益对节能减排效率测算具有重要影响；三大城市群节能减排效率整体处于较低水平，城市群之间呈现“珠三角>长三角>京津冀”的发展格局，即珠三角城市群节能减排效率最高，长三角城市群次之，京津冀城市群节能减排效率最低；三大城市群节能减排效率处于效率前沿面的城市总量在9~17个之间波动，城市间节能减排效率存在较大差异。其中，深圳、铜陵、舟山、池州、北京、珠海和广州7个城市的节能减排效率在研究期间始终处于效率前沿面，是其他城市的学习标杆。佛山、肇庆、无锡、宣城和上海在多数年份均位于效率前沿面，保持着相对较高的节能减排效率水平；三大城市群节能减排效率变动趋势存在显著差异，京津冀城市群节能减排效率呈现“锯齿型”波动上升趋势，长三角和珠三角城市群呈现“S”形波动上升趋势；三大城市群节能减排效率具有明显的阶段性特征，整体上经历了以下三个发展阶段：“十一五”时期的快速增长阶段、“十二五”时期的发展调整阶段及“十三五”时期的稳步增长阶段。

第二，中国三大城市群全要素生产率在大部分年份均大于1，整体呈波动上升趋势，其中长三角城市群全要素生产率水平最高，珠三角城市群全要素生产率增长幅度最大，表明长三角城市群节能减排效率保持了较好的发展势头，而珠三角城市群节能减排效率实现了较大进步；GML指数分解表明三大城市群节能减排效率增长的主要动力来源是技术进步，但技术进步对三大城市群节能减排效率的影响存在区域特性。相比于京津冀和珠三角城市群，技术进步对长三角城市群全要素生产率增长的提升效果更加显著；从节能潜力与减排潜力大小来看，三大城市群节能潜力与减排潜力均处于较高水平，但污染物减排潜力远大于节能潜力，其中工业烟（粉）尘减排潜力最大；从节能减排潜力时序变动来看，三大城市群节能潜力变动幅度较小，而减排潜力在研究期间呈现较大变动幅度；从各城市群节能减排工作重点来看，京津冀城市群面临节能与减排的双重压力，长三角城市群的主要任务是做好减排工作，而珠三角城市群具有良好的节能与减排表现；从节能减排实施路径来看，落在节能减排潜力状态矩阵 A 区域的城市属于高效集约型城市，是其他城市的标杆；B 区域和 D 区域的城市分别属于节能重点城市和减排重点城市，可以采取单边突破式节能减排实施路径；D 区域的城市是节能减排重点城市，可以采取渐进式和飞跃式两种节能减排实施路径。

第三，中国三大城市群节能减排效率全局莫兰指数在研究期间存在较大差异。京津冀和珠三角城市群全局莫兰指数呈现较大变动幅度，长三角城市群全局莫兰指数变动较为稳定；三大城市群全局空间相关性在研究期间存在显著差异，京津冀和长三角城市群节能减排效率由正向空间相关性转变为负向空间相关性，而珠三角城市群节能减排效率呈现较强的负向空间相关性；三大城市群节能减排效率局部空间集聚特征随时间变化较为明显，京津冀城市群节能减排效率空间集聚特征由以“HH 集聚”和“LL 集聚”为主转变为以“LH 集聚”和“HL 集聚”为主，长三角城市群节能减排效率呈现以“LL 集聚”为主的空间集聚特征，而珠三角城市群节能减排效率呈现以“LH 集聚”和“HL 集聚”为主的空间集聚特征；三大城市群节能减排效率空间分布格局在研究期间呈现较大变化，京津冀城市群节能减排效率主要呈现“南北部差异大、东西部极化严重”的空间分布格局。长三角城市群节能减排效率空间分布格局与城市所在省份有密切联系，江苏省各城市节能减排效率主要呈现“北部低效集聚、南部极化严重”的空间分布格局，浙江省各城市呈现“中部低效集聚，南北部分异大”的空间分布格局，安徽省各城市在“十一五”“十二五”“十三五”时期分别呈现“东西部差异大，南北部极化严重”、“北部低效，南部分异严重”、以“LH 集聚”为主的空间分布格局。珠三角城市群呈现“北部极化严重”的空间分布格局，南部城市珠海和中山由“十一五”时期的“低效型”城市转变为“十三五”时期的“高效型”城市；依据整个研究期间节能减排效率局部空间集聚特征，从节能减排效率空间治理角度出发，分别将京津冀、长三角、珠三角城市群划分为以下四个区域：“核心保护区”“重点补偿区”“严治扩散区”和“警惕分异区”。

第四，从中国三大城市群节能减排效率影响因素的空间计量分析来看，各因素对三大城市群节能减排效率的影响存在显著差异。环境库兹涅茨曲线理论在长三角和珠三角城市群中得到了证实，但在京津冀城市群中并不成立，经济发展水平与京津冀城市群节能减排效率呈倒“U”形曲线关系。从京津冀城市群来看，产业结构调整对节能减排效率具有显著正向影响，能源结构和城市规模对节能减排效率具有显著负向影响，其中能源结构对节能减排效率的影响最大；从长三角城市群来看，城镇化率对节能减排效率具有显著正向影响，能源结构、城市规模和对外开放程度对节能减排效率具有显著负向影响，其中对外开放程度对节能减排效率的影响最大；从珠三角城市群来看，能源结构和城市规模对节能减排效率具有显著负向影响，并且能源结构对节能减排效率的影响大于城市规模对其的影响；从各因素对节能减排效率的空间溢出效应来看，环境规制和城市规模对京津冀城市群节能减排效率具有显著的空间溢出效应，能源结构、产业结构调整和城市规模对长三角城市群节能减排效率具有显著的空间溢出效应，城市规模对珠三角城市群节能减排效率具有显著的空间溢出效应，经济发展水平、城镇化水平和对外开放程度对三大城市群节能减排效率尚未形成有效的空间溢出效应。基于上述研究结论，结合各城市群发展特征，笔者在第六章提出了提升三大城市群节能减排效率的对策建议。

## 第二节　研究展望

笔者从节能减排效率测算、节能减排效率动态特征及潜力、节能减排效率空间效应及治理、节能减排效率影响因素空间计量分析四个方面对中国三大城市群节能减排效率进行了较为全面的探讨。但由于一些因素的限制，如数据获取、方法运用、指标选取等，仍存在一些有价值的问题值得进一步深入研究：

首先，由于城市层面相关数据统计口径不一致，获取最新的完整研究数据存在一定困难，故本书的研究数据只能统计到 2018 年。针对部分难以获取或是缺失的数据，虽然通过一定的统计方法进行了合理的补充，但在一定程度上仍会影响研究结果及模型估计的准确性。因此，在下一步研究中，可尝试通过指标换算、探访相关部门等方式方法不断提高数据的准确性和完整性。

其次，本书关于节能减排效率空间效应的研究是基于空间邻近权重矩阵进行的。随着空间计量经济学的发展及城市群之间联系的日趋紧密，城市之间的相互影响不仅与各城市地理位置有关，还与城市经济发展水平、信息交流方式等有着密切联系。因此，未来可以采取空间嵌套权重矩阵或其他类型权重矩阵对节能减排效率的空间效应进行深入探讨，以使研究结果更加贴近实际情况。

最后，笔者在研究中国三大城市群节能减排效率影响因素时，仅从经济发展水平、产业结构调整、能源结构、城市发展水平、对外开放程度、环境规制等方面进行探讨。事实上，影响节能减排效率的因素是多方面的，并且各影响因素之间存在复杂的联系，未来还需要深入研究更多因素对节能减排效率的影响，并对各因素之间的相互作用机理进行深入探讨。

# 参考文献

[1] Liu Y H, Gao C C, Lu Y Y. The impact of urbanization on GHG emissions in China: The role of population density [J]. Journal of Cleaner Production, 2017, 157: 299-309.

[2] Tian P, Lin B Q. Promoting green productivity growth for China's industrial exports: Evidence from a hybrid input-output model [J]. Energy Policy, 2017, 111: 394-402.

[3] Cheng S L, Fan W, Meng F X, et al. Toward low-carbon development: Assessing emissions-reduction pressure among Chinese cities [J]. Journal of Environmental Management, 2020, 271: 111036.

[4] Wang Q W, Zhao Z Y, Shen N, et al. Have Chinese cities achieved the win-win between environmental protection and economic development? From the perspective of environmental efficiency [J]. Ecological Indicators, 2015, 51: 151-158.

[5] 方创琳．中国城市群研究取得的重要进展与未来发展方向［J］．地理学报，2014，69（8）：1130-1144.

[6] 邵帅，张可，豆建民．经济集聚的节能减排效应：理论与中国经验［J］．管理世界，2019，35（1）：36-60+226.

[7] Jia P R, Li K, Shao S. Choice of technological change for China's low-carbon development: Evidence from three urban agglomerations [J]. Journal of Environ-

mental Management, 2018, 206: 1308-1319.

[8] 埃比泥泽·霍华德. 明日的田园城市 [M]. 金纪元, 译. 北京: 商务印书馆, 2010.

[9] P Geddes. Cities in evolution: An introduction to the town-planning movement and the study of cities [M]. London: Williams and Norgate, 1915.

[10] J Gottmann. Megalopolis or the urbanization of the Northeastern Seaboard [J]. Economic Geography, 1957, 33 (3): 189-200.

[11] 丁洪俊, 宁越敏. 城市地理概论 [M]. 合肥: 安徽科学出版社, 1983.

[12] 陈美玲. 城市群相关概念的研究探讨 [J]. 城市发展研究, 2011, 18 (3): 5-8.

[13] 周一星. 中国城镇的概念和城镇人口的统计口径 [J]. 人口与经济, 1989 (1): 9-13.

[14] 胡序威, 周一星, 顾朝林, 等. 中国沿海城镇密集地区空间集聚与扩散研究 [M]. 北京: 科学出版社, 2000.

[15] 易承志. 大都市与大都市区概念辨析 [J]. 城市问题, 2014 (3): 90-95.

[16] 周起业, 刘再兴, 祝诚, 等. 区域经济学 [M]. 北京: 中国人民大学出版社, 1989.

[17] 沈立人. 为上海构造都市圈 [J]. 财经研究, 1993 (9): 16-19.

[18] 姚士谋, 陈振光, 朱英明, 等. 中国城市群 [M]. 合肥: 中国科学技术大学出版社, 2006.

[19] 肖金成, 袁朱, 等. 中国十大城市群 [M]. 北京: 经济科学出版社, 2009.

[20] 杨琛. 中国工业生态效率时空差异及收敛性分析 [J]. 宏观经济研究, 2020 (7): 106-113+137.

[21] Ma C, Stern D I. China's changing energy intensity trend: A decomposition

analysis [J]. Energy Economics, 2008, 30 (3): 1037-1053.

[22] 高振宇，王益. 我国能源生产率的地区划分及影响因素分析 [J]. 数量经济技术经济研究，2006 (9): 46-57.

[23] 齐绍洲，云波，李锴. 中国经济增长与能源消费强度差异的收敛性及机理分析 [J]. 经济研究，2009, 44 (4): 56-64.

[24] 魏楚，沈满洪. 能源效率与能源生产率：基于 DEA 方法的省际数据比较 [J]. 数量经济技术经济研究，2007 (9): 110-121.

[25] Hu J L, Wang S C. Total-factor energy efficiency of regions in China [J]. Energy Policy, 2006, 34 (17): 3206-3217.

[26] Apergis N, Aye G C, Barros C P, et al. Energy efficiency of selected OECD countries: A slacks based model with undesirable outputs [J]. Energy Economics, 2015, 51: 45-53.

[27] Borozan D. Technical and total factor energy efficiency of European regions: A two-stage approach [J]. Energy, 2018, 152: 521-532.

[28] Peng L H, Zhang Y T, Wang Y J, et al. Energy efficiency and influencing factor analysis in the overall Chinese textile industry [J]. Energy, 2015, 93: 1222-1229.

[29] Wu H T, Hao Y, Ren S Y. How do environmental regulation and environmental decentralization affect green total factor energy efficiency: Evidence from China [J]. Energy Economics, 2020, 91: 104880.

[30] 郭姣，李健. 中国三大城市群全要素能源效率与节能减排潜力研究 [J]. 干旱区资源与环境，2019, 33 (11): 17-24.

[31] 吴传清，董旭. 环境约束下长江经济带全要素能源效率研究 [J]. 中国软科学，2016 (3): 73-83.

[32] Liu Z, Qin C X, Zhang Y J. The energy-environment efficiency of road and railway sectors in China: Evidence from the provincial level [J]. Ecological Indicators, 2016, 69: 559-570.

[33] Lin B Q, Chen X. Environmental regulation and energy-environmental performance-Empirical evidence from China's non-ferrous metals industry [J]. Journal of Environmental Management, 2020, 269: 110722.

[34] Li H, Fang K N, Yang W, et al. Regional environmental efficiency evaluation in China: Analysis based on the Super-SBM model with undesirable outputs [J]. Mathematical and Computer Modelling, 2013, 58 (5-6): 1018-1031.

[35] Jiang L, Folmer H, Bu M L. Interaction between output efficiency and environmental efficiency: Evidence from the textile industry in Jiangsu Province, China [J]. Journal of Cleaner Production, 2016, 113: 123-132.

[36] Halkos G, Petrou K N. Assessing 28 EU member states' environmental efficiency in national waste generation with DEA [J]. Journal of Cleaner Production, 2019, 208: 509-521.

[37] 汪克亮，史利娟，刘蕾，等. 长江经济带大气环境效率的时空异质性与驱动因素研究 [J]. 长江流域资源与环境，2018，27 (3): 453-462.

[38] Zhu Q Y, Li X C, Li F, et al. Energy and environmental efficiency of China's transportation sectors under the constraints of energy consumption and environmental pollutions [J]. Energy Economics, 2020, 89: 104817.

[39] Zhang Y, Shen L Y, Shuai C Y, et al. How is the environmental efficiency in the process of dramatic economic development in the Chinese cities? [J]. Ecological Indicators, 2019, 98: 349-362.

[40] Zhang J R, Zeng W H, Shi H. Regional environmental efficiency in China: Analysis based on a regional slack-based measure with environmental undesirable outputs [J]. Ecological Indicators, 2016, 71: 218-228.

[41] 曾贤刚，牛木川. 高质量发展条件下中国城市环境效率评价 [J]. 中国环境科学，2019，39 (6): 2667-2677.

[42] Schaltegger S, Sturm A. Kologische rationalitt (German/in English: Environmental rationality) [J]. Die Unternehmung, 1990, 4 (4): 117-131.

[43] WBCSD. Eco-efficient Leadership for Improved Economic and Environmental Performance [R]. Geneva: WBCSD, 1997.

[44] OECD. Eco-efficiency [M]. Paris: Organization for Economic Cooperation and Development, 1998.

[45] 杨凯，王要武，薛维锐．区域梯度发展模式下我国工业生态效率区域差异与对策 [J]. 系统工程理论与实践，2013，33（12）：3095-3102.

[46] 黄建欢，方霞，黄必红．中国城市生态效率空间溢出的驱动机制：见贤思齐 VS 见劣自缓 [J]. 中国软科学，2018（3）：97-109.

[47] 龙亮军．基于两阶段 Super-NSBM 模型的城市生态福利绩效评价研究 [J]. 中国人口·资源与环境，2019，29（7）：1-10.

[48] 周雄勇，许志端，郗永勤．中国节能减排系统动力学模型及政策优化仿真 [J]. 系统工程理论与实践，2018，38（6）：1422-1444.

[49] 王艳，苏怡．绿色发展视角下中国节能减排效率的影响因素——基于超效率 DEA 和 Tobit 模型的实证研究 [J]. 管理评论，2020，32（10）：59-71.

[50] 张雪梅，马鹏琼．我国城市节能减排效率评价及空间收敛性 [J]. 系统工程，2018，36（9）：91-100.

[51] 张吉岗，杨红娟．基于 DDF-DEA 三阶段模型的省域节能减排效率评价 [J]. 中国人口·资源与环境，2018，28（9）：24-31.

[52] Balducci F, Ferrara A. Using urban environmental policy data to understand the domains of smartness: An analysis of spatial autocorrelation for all the Italian chief towns [J]. Ecological Indicators, 2018, 89: 386-396.

[53] Qi T Y, Weng Y Y, Zhang X L, et al. An analysis of the driving factors of energy-related $CO_2$ emission reduction in China from 2005 to 2013 [J]. Energy Economics, 2016, 60: 15-22.

[54] Tan X C, Li H, Guo J X, et al. Energy-saving and emission-reduction technology selection and $CO_2$ emission reduction potential of China's iron and steel industry under energy substitution policy [J]. Journal of Cleaner Production, 2019,

222：823-834.

［55］郭存芝，罗琳琳，叶明．资源型城市可持续发展影响因素的实证分析［J］．中国人口·资源与环境，2014，24（8）：81-89.

［56］李惠娟，龙如银，兰新萍．资源型城市的生态效率评价［J］．资源科学，2010，32（7）：1296-1300.

［57］范凤岩，雷涯邻．能源、经济和环境（3E）系统研究综述［J］．生态经济，2013（12）：42-48.

［58］邓玉勇，杜铭华，雷仲敏．基于能源—经济—环境（3E）系统的模型方法研究综述［J］．甘肃社会科学，2006（3）：209-212.

［59］史丹．中国工业绿色发展的理论与实践——兼论十九大深化绿色发展的政策选择［J］．当代财经，2018（1）：3-11.

［60］World Commission on Environment and Development. Our Common Future［M］. Oxford：Oxford University Press，1987.

［61］大卫·皮尔斯．绿色经济的蓝图［M］．何晓军，译．北京：北京师范大学出版社，1996.

［62］Crush J. Power of development［M］. Hove：Psychology Press，1995.

［63］冯之浚，周荣．低碳经济：中国实现绿色发展的根本途径［J］．中国人口·资源与环境，2010，20（4）：1-7.

［64］Loiseau E，Saikku L，Antikainen R，et al. Green economy and related concepts：An overview［J］. Journal of Cleaner Production，2016，139：361-371.

［65］王玲玲，张艳国．"绿色发展"内涵探微［J］．社会主义研究，2012（5）：143-146.

［66］胡鞍钢，周绍杰．绿色发展：功能界定、机制分析与发展战略［J］．中国人口·资源与环境，2014，24（1）：14-20.

［67］任平，刘经伟．高质量绿色发展的理论内涵、评价标准与实现路径［J］．内蒙古社会科学（汉文版），2019，40（6）：123-131+213.

［68］孟越男，徐长乐．区域协调性均衡发展理论及我国实践［J］．甘肃社

会科学，2020（4）：188-195.

［69］陈秀山，石碧华．区域经济均衡与非均衡发展理论［J］．教学与研究，2000（10）：12-18.

［70］Perroux F. Economic space：Theory and application［J］. The Quarterly Journal of Economics，1950（1）：89-104.

［71］Myrdal G. Economic theory and under-developed regions［M］. London：Harper and Row，1957.

［72］赫希曼．经济发展战略［M］．曹征海，潘照东，译．北京：经济科学出版社，1991.

［73］Anselin L. Spatial econometrics：Methods and models［M］. Berlin：Springer，1988.

［74］Ghosh R，Kathuria V. The effect of regulatory governance on efficiency of thermal power generation in India：A stochastic frontier analysis［J］. Energy Policy，2016，89：11-24.

［75］Piao S R，Li J，Ting C J. Assessing regional environmental efficiency in China with distinguishing weak and strong disposability of undesirable outputs［J］. Journal of Cleaner Production，2019，227：748-759.

［76］Sueyoshi T，Goto M，Snell M A. DEA environmental assessment：Measurement of damages to scale with unified efficiency under managerial disposability or environmental efficiency［J］. Applied Mathematical Modelling，2013，37（12-13）：7300-7314.

［77］史丹，吴利学，傅晓霞，等．中国能源效率地区差异及其成因研究——基于随机前沿生产函数的方差分解［J］．管理世界，2008（2）：35-43.

［78］赵金楼，李根，苏屹，等．我国能源效率地区差异及收敛性分析——随机前沿分析和面板单位根的实证研究［J］．中国管理科学，2013，21（2）：175-184.

［79］汪克亮，孟祥瑞，程云鹤．技术的异质性、节能减排与地区生态效

率——基于2004-2012年中国省际面板数据的实证分析［J］. 山西财经大学学报，2015，37（2）：69-80.

［80］Yang L，Wang K L，Geng J C. China's regional ecological energy efficiency and energy saving and pollution abatement potentials：An empirical analysis using epsilon-based measure model［J］. Journal of Cleaner Production，2018，194：300-308.

［81］Guo X F，Zhu Q Y，Lv L，et al. Efficiency evaluation of regional energy saving and emission reduction in China：A modified slacks-based measure approach［J］. Journal of Cleaner Production，2017，140：1313-1321.

［82］李启庚，冯艳婷，余明阳. 环境规制对工业节能减排的影响研究——基于系统动力学仿真［J］. 华东经济管理，2020，34（5）：64-72.

［83］张国兴，李佳雪，管欣. 部际节能减排政策博弈与协同关系的演进分析［J］. 管理评论，2019，31（12）：250-263.

［84］吴卫红，王建英，张爱美，等. 六大高耗能产业技术创新、节能效率和减排效率协同发展比较研究［J］. 软科学，2017，31（1）：29-33.

［85］Zhao P J，Zeng L E，Lu H Y，et al. Green economic efficiency and its influencing factors in China from 2008 to 2017：Based on the super-SBM model with undesirable outputs and spatial Dubin model［J］. Science of the Total Environment，2020，741：140026.

［86］Wang Y S，Bian Y W，Xu H. Water use efficiency and related pollutants' abatement costs of regional industrial systems in China：A slacks-based measure approach［J］. Journal of Cleaner Production，2015，101：301-310.

［87］Wang K L，Miao Z，Zhao M S，et al. China's provincial total-factor air pollution emission efficiency evaluation，dynamic evolution and influencing factors［J］. Ecological Indicators，2019，107：105578.

［88］Chen J D，Xu C，Song M L，et al. Driving factors of China's energy productivity and its spatial character：Evidence from 248 cities［J］. Ecological Indicators，

2018, 90: 18-27.

[89] He Q, Han J, Guan D B, et al. The comprehensive environmental efficiency of socioeconomic sectors in China: An analysis based on a non-separable bad output SBM [J]. Journal of Cleaner Production, 2018, 176: 1091-1110.

[90] 余泳泽. 我国节能减排潜力、治理效率与实施路径研究 [J]. 中国工业经济, 2011 (5): 58-68.

[91] 李科. 我国省际节能减排效率及其动态特征分析 [J]. 中国软科学, 2013 (5): 144-157.

[92] Tang L W, Li K. A comparative analysis on energy-saving and emissions-reduction performance of three urban agglomerations in China [J]. Journal of Cleaner Production, 2019, 220: 953-964.

[93] Iftikhar Y, He W J, Wang Z H. Energy and $CO_2$ emissions efficiency of major economies: A non-parametric analysis [J]. Journal of Cleaner Production, 2016, 139: 779-787.

[94] Cucchiella F, D'Adamo I, Gastaldi M, et al. Efficiency and allocation of emission allowances and energy consumption over more sustainable European economies [J]. Journal of Cleaner Production, 2018, 182: 805-817.

[95] Wu J, Lv L, Sun J S, et al. A comprehensive analysis of China's regional energy saving and emission reduction efficiency: From production and treatment perspectives [J]. Energy Policy, 2015, 84: 166-176.

[96] 陈星星. 非期望产出下我国能源消耗产出效率差异研究 [J]. 中国管理科学, 2019, 27 (8): 191-198.

[97] 郭姣, 李健. 中国三大城市群节能减排效率的变化及测度 [J]. 城市问题, 2018 (12): 17-27.

[98] 李根, 刘家国, 李天琦. 考虑非期望产出的制造业能源生态效率地区差异研究——基于 SBM 和 Tobit 模型的两阶段分析 [J]. 中国管理科学, 2019, 27 (11): 76-87.

[99] 孟庆春，黄伟东，戎晓霞．灰霾环境下能源效率测算与节能减排潜力分析——基于多非期望产出的 NH-DEA 模型 [J]. 中国管理科学，2016，24 (8)：53-61.

[100] Cheng Z H，Li L S，Liu J. The emissions reduction effect and technical progress effect of environmental regulation policy tools [J]. Journal of Cleaner Production，2017，149：191-205.

[101] Lin B Q，Zhu J P. Is the implementation of energy saving and emission reduction policy really effective in Chinese cities? A policy evaluation perspective [J]. Journal of Cleaner Production，2019，220：1111-1120.

[102] Wang H H，Cao R X，Zeng W H. Multi-agent based and system dynamics models integrated simulation of urban commuting relevant carbon dioxide emission reduction policy in China [J]. Journal of Cleaner Production，2020，272：122620.

[103] Yang W X，Yuan G H，Han J T. Is China's air pollution control policy effective? Evidence from Yangtze River Delta cities [J]. Journal of Cleaner Production，2019，220：110-133.

[104] Zhou X Y，Xu Z D，Xi Y Q. Energy conservation and emission reduction (ECER)：System construction and policy combination simulation [J]. Journal of Cleaner Production，2020，267：121969.

[105] 聂晓培，周星，周敏，等．生产性服务业与制造业节能减排评价及影响因素研究 [J]. 中国矿业大学学报，2020，49 (4)：807-818.

[106] 钱娟．能源节约偏向型技术进步对工业节能减排的门槛效应研究 [J]. 科研管理，2020，41 (1)：223-233.

[107] 张丹，王腊芳，叶晗．中国区域节能减排绩效及影响因素对比研究 [J]. 中国人口·资源与环境，2012，22 (S2)：69-73.

[108] 张国兴，叶亚琼，管欣，等．京津冀节能减排政策措施的差异与协同研究 [J]. 管理科学学报，2018，21 (5)：111-126.

[109] 张静进，黄宝荣，苏利阳，等．基于 DEA 模型的江西省传统产业节

能减排潜力研究［J］. 数学的实践与认识，2018，48（11）：9-19.

［110］王兵，刘光天. 节能减排与中国绿色经济增长——基于全要素生产率的视角［J］. 中国工业经济，2015（5）：57-69.

［111］Wu G，Miao Z，Shao S，et al. The elasticity of the potential of emission reduction to energy saving：Definition，measurement，and evidence from China［J］. Ecological Indicators，2017，78：395-404.

［112］汪克亮，杨宝臣，杨力. 基于环境效应的中国能源效率与节能减排潜力分析［J］. 管理评论，2012，24（8）：40-50.

［113］Zhou K L，Yang S L，Shen C，et al. Energy conservation and emission reduction of China's electric power industry［J］. Renewable and Sustainable Energy Reviews，2015，45：10-19.

［114］傅京燕，原宗琳. 中国电力行业协同减排的效应评价与扩张机制分析［J］. 中国工业经济，2017（2）：43-59.

［115］程时雄，柳剑平，龚兆鋆. 中国工业行业节能减排经济增长效应的测度及影响因素分析［J］. 世界经济，2016，39（3）：166-192.

［116］Wu J，Li M J，Zhu Q Y，et al. Energy and environmental efficiency measurement of China's industrial sectors：A DEA model with non-homogeneous inputs and outputs［J］. Energy Economics，2019，78：468-480.

［117］钱娟，李金叶. 技术进步是否有效促进了节能降耗与 $CO_2$ 减排［J］. 科学学研究，2018，36（1）：49-59.

［118］Sun J S，Wang Z H，Li G. Measuring emission-reduction and energy-conservation efficiency of Chinese cities considering management and technology heterogeneity［J］. Journal of Cleaner Production，2018，175：561-571.

［119］Zhou D Q，Wang Q W，Su B，et al. Industrial energy conservation and emission reduction performance in China：A city-level nonparametric analysis［J］. Applied Energy，2016，166：201-209.

［120］Wu X C，Zhao L，Zhang Y X，et al. Cost and potential of energy conservation and collaborative pollutant reduction in the iron and steel industry in China [J]. Applied Energy, 2016, 184: 171-183.

[121] Wang Z H, Sun Y F, Yuan Z Y, et al. Does energy efficiency have a spatial spill-over effect in China? Evidence from provincial-level data [J]. Journal of Cleaner Production, 2019, 241: 118258.

[122] 江洪，李金萍，纪成君．省际能源效率再测度及空间溢出效应分析 [J]．统计与决策，2020，36（1）：123-127.

[123] 潘雄锋，杨越，张维维．我国区域能源效率的空间溢出效应研究 [J]．管理工程学报，2014，28（4）：132-136+186.

[124] 郭文，孙涛，周鹏．中国区域全要素能源效率评价及其空间收敛性——基于改进的非期望 SBM 模型 [J]．系统工程，2015，33（5）：70-80.

[125] 潘雄锋，刘清，张维维．空间效应和产业转移双重视角下的我国区域能源效率收敛性分析 [J]．管理评论，2014，26（5）：23-29.

[126] 张文彬，郝佳馨．生态足迹视角下中国能源效率的空间差异性和收敛性研究 [J]．中国地质大学学报（社会科学版），2020，20（5）：76-90.

[127] 程中华，李廉水，刘军．产业集聚有利于能源效率提升吗 [J]．统计与信息论坛，2017，32（3）：70-76.

[128] 于斌斌．生产性服务业集聚与能源效率提升 [J]．统计研究，2018，35（4）：30-40.

[129] 郭一鸣，蔺雪芹，王岱．中国城市能源效率空间演化特征及影响因素——基于两阶段 Super SBM 的分析 [J]．地域研究与开发，2020，39（2）：8-13+35.

[130] Wang J Y, Wang S J, Li S J, et al. Evaluating the energy-environment efficiency and its determinants in Guangdong using a slack-based measure with environmental undesirable outputs and panel data model [J]. Science of the Total Environment, 2019, 663: 878-888.

[131] 罗能生，张梦迪．人口规模、消费结构和环境效率 [J]．人口研究，

2017, 41 (3): 38-52.

[132] Yu Y T, Huang J H, Zhang N. Industrial eco-efficiency, regional disparity, and spatial convergence of China's regions [J]. Journal of Cleaner Production, 2018, 204: 872-887.

[133] Liao J J, Yu C Y, Feng Z, et al. Spatial differentiation characteristics and driving factors of agricultural eco-efficiency in Chinese provinces from the perspective of ecosystem services [J]. Journal of Cleaner Production, 2021, 288: 125466.

[134] Song M L, Peng J, Wang J L, et al. Environmental efficiency and economic growth of China: A Ray slack-based model analysis [J]. European Journal of Operational Research, 2018, 269 (1): 51-63.

[135] 蔡婉华，叶阿忠．工业大气环境效率、要素流动与经济产出互动关系研究 [J]．软科学，2019，33 (11)：47-52.

[136] 刁贝娣，曾克峰，苏攀达，等．中国工业氮氧化物排放的时空分布特征及驱动因素分析 [J]．资源科学，2016，38 (9)：1768-1779.

[137] 张子龙，薛冰，陈兴鹏，等．中国工业环境效率及其空间差异的收敛性 [J]．中国人口·资源与环境，2015，25 (2)：30-38.

[138] 蔺雪芹，郭一鸣，王岱．中国工业资源环境效率空间演化特征及影响因素 [J]．地理科学，2019，39 (3)：377-386.

[139] 吕康娟，蔡大霞．城市群功能分工、工业技术进步与工业污染——来自长三角城市群的数据检验 [J]．科技进步与对策，2020，37 (14)：47-55.

[140] 屈小娥．中国省际工业能源效率与节能潜力：基于 DEA 的实证和模拟 [J]．经济管理，2011，33 (7)：16-24.

[141] Zhou C S, Shi C Y, Wang S J, et al. Estimation of eco-efficiency and its influencing factors in Guangdong province based on Super-SBM and panel regression models [J]. Ecological Indicators, 2018, 86: 67-80.

[142] Xiao C M, Wang Z, Shi W F, et al. Sectoral energy-environmental efficiency and its influencing factors in China: Based on S-U-SBM model and panel re-

gression model [J]. Journal of Cleaner Production, 2018, 182: 545-552.

[143] Tobler W R. A computer movie simulating urban growth in the detroit region [J]. Economic Geography, 1970, 46 (2): 234-240.

[144] Li K M, Fang L T, He L R. How urbanization affects China's energy efficiency: A spatial econometric analysis [J]. Journal of Cleaner Production, 2018, 200: 1130-1141.

[145] Liu Q Q, Wang S J, Li B, et al. Dynamics, differences, influencing factors of eco-efficiency in China: A spatiotemporal perspective analysis [J]. Journal of Environmental Management, 2020, 264: 110442.

[146] 杨冕，晏兴红，李强谊. 环境规制对中国工业污染治理效率的影响研究 [J]. 中国人口·资源与环境，2020，30 (9): 54-61.

[147] 张志辉. 中国区域能源效率演变及其影响因素 [J]. 数量经济技术经济研究，2015，32 (8): 73-88.

[148] 王兆华，丰超. 中国区域全要素能源效率及其影响因素分析——基于2003-2010年的省际面板数据 [J]. 系统工程理论与实践，2015，35 (6): 1361-1372.

[149] Wang J M, Shi Y F, Zhang J. Energy efficiency and influencing factors analysis on Beijing industrial sectors [J]. Journal of Cleaner Production, 2017, 167: 653-664.

[150] Li H, Shi J F. Energy efficiency analysis on Chinese industrial sectors: An improved Super-SBM model with undesirable outputs [J]. Journal of Cleaner Production,2014, 65: 97-107.

[151] 关伟，许淑婷. 中国能源生态效率的空间格局与空间效应 [J]. 地理学报，2015，70 (6): 980-992.

[152] 田泽，张怀婧，任芳容. 环境约束下中国三大城市群能源效率评价与影响因素比较研究 [J]. 软科学，2020，34 (12): 87-95.

[153] 冯博，王雪青. 中国建筑业能源经济效率与能源环境效率研究——基

于 SBM 模型和面板 Tobit 模型的两阶段分析［J］. 北京理工大学学报（社会科学版），2015，17（1）：14-22.

［154］侯建朝，陈倩男，孙飞虎. 中国交通运输业全要素能源效率及其影响因素研究［J］. 统计与决策，2020，36（3）：103-108.

［155］Song M L，Song Y Q，An Q X，et al. Review of environmental efficiency and its influencing factors in China：1998-2009［J］. Renewable and Sustainable Energy Reviews，2013，20：8-14.

［156］尹传斌，朱方明，邓玲. 西部大开发十五年环境效率评价及其影响因素分析［J］. 中国人口·资源与环境，2017，27（3）：82-89.

［157］苑清敏，申婷婷，邱静. 中国三大城市群环境效率差异及其影响因素［J］. 城市问题，2015（7）：10-18.

［158］Chen Y，Zhu M K，Lu J L，et al. Evaluation of ecological city and analysis of obstacle factors under the background of high-quality development：Taking cities in the Yellow River Basin as examples［J］. Ecological Indicators，2020，118：106771.

［159］范晓莉，王振坡. 中国高技术产业环境技术效率的动态演进及影响因素研究——基于空间面板模型的实证分析［J］. 现代财经（天津财经大学学报），2017，37（9）：89-101.

［160］李佳佳，罗能生. 中国区域环境效率的收敛性、空间溢出及成因分析［J］. 软科学，2016，30（8）：1-5.

［161］Charnes A，Cooper W W，Rhodes E. Measuring the efficiency of decision making units［J］. European Journal of Operational Research，1978，2（6）：429-444.

［162］Yang L，Ouyang H，Fang K N，et al. Evaluation of regional environmental efficiencies in China based on super-efficiency-DEA［J］. Ecological Indicators，2015，51：13-19.

［163］Tone K. A slacks-based measure of efficiency in data envelopment analysis［J］. European Journal of Operational Research，2001，130（3）：498-509.

[164] Tone K. A slacks-based measure of super-efficiency in data envelopment analasis [J]. European Journal of Operational Research, 2002, 143 (1): 32-41.

[165] Tone K. Dealing with undesirable outputs in DEA: A slacks-based measure approach [R]. Toronto: GRIPS Research Report Series, 2003.

[166] Yang T, Chen W, Zhou K L, et al. Regional energy efficiency evaluation in China: A super efficiency slack-based measure model with undesirable outputs [J]. Journal of Cleaner Production, 2018, 198: 859-866.

[167] 常新锋，管鑫．新型城镇化进程中长三角城市群生态效率的时空演变及影响因素 [J]. 经济地理，2020，40 (3)：185-195.

[168] 李江苏，王晓蕊，苗长虹．基于两种 DEA 模型的资源型城市发展效率评价比较 [J]. 经济地理，2017，37 (4)：99-106.

[169] 单豪杰．中国资本存量 k 的再估算：1952-2006 年 [J]. 数量经济技术经济研究，2008，25 (10)：17-31.

[170] Malmquist S. Index numbers and indifference curves [J]. Trabajos de Estatistica, 1953, 4 (1): 209-242.

[171] Färe R, Grosskopf S, Lindgren B, et al. Productivity changes in Swedish pharamacies 1980-1989: A non-parametric Malmquist approach [J]. Journal of Productivity Analysis, 1992, 3 (1/2): 85-101.

[172] Färe R, Grosskopf S, Lovell C A K, et al. Multilateral productivity comparisons when some outputs are undesirable: A nonparametric approach [J]. Review of Economics and Statistics, 1989, 71 (1): 90-98.

[173] Färe R, Grosskopf S, Norris M, et al. Productivity growth, technical progress, and efficiency change in industrialized countries [J]. The American Economic Review, 1994, 84 (1): 66-83.

[174] Färe R, Grosskopf S, Pasurka C A. Accounting for air pollution emissions in measures of state manufacturing productivity growth [J]. Journal of Regional Science, 2001, 41 (3): 381-409.

[175] Färe R, Grosskopf S, Pasurka C A. Pollution abatement activities and traditional productivity [J]. Ecological Economics, 2007, 62 (3): 673-682.

[176] Chung Y H, Färe R, Grosskopf S. Productivity and undesirable outputs: A directional distance function approach [J]. Journal of Environmental Management, 1997, 51 (3): 229-240.

[177] Oh D-h. A global Malmquist-Luenberger productivity index [J]. Journal of Productivity Analysis, 2010, 34 (3): 183-197.

[178] 魏楚，杜立民，沈满洪．中国能否实现节能减排目标：基于 DEA 方法的评价与模拟 [J]. 世界经济，2010，33 (3)：141-160.

[179] 孙燕铭，孙晓琦．长三角城市群工业绿色全要素生产率的测度及空间分异研究 [J]. 江淮论坛，2018 (6)：60-67.

[180] 周五七．长三角工业绿色全要素生产率增长及其驱动力研究 [J]. 经济与管理，2019，33 (1)：36-42.

[181] Xu J H, Fan Y, Yu S M. Energy conservation and $CO_2$ emission reduction in China's 11th Five-Year Plan: A performance evaluation [J]. Energy Economics, 2014, 46: 348-359.

[182] 关伟，张华，许淑婷．基于 DEA-ESDA 模型的辽宁省能源效率测度及时空格局演化分析 [J]. 资源科学，2015，37 (4)：764-773.

[183] 张松林，张昆．全局空间自相关 Moran 指数和 G 系数对比研究 [J]. 中山大学学报（自然科学版），2007 (4)：93-97.

[184] 王周伟，崔百胜，张元庆．空间计量经济学：现代模型与方法 [M]. 北京：北京大学出版社，2017.

[185] Liu K, Lin B Q. Research on influencing factors of environmental pollution in China: A spatial econometric analysis [J]. Journal of Cleaner Production, 2019, 206: 356-364.

[186] Yu X, Wu Z Y, Zheng H R, et al. How urban agglomeration improve the emission efficiency? A spatial econometric analysis of the Yangtze River Delta urban ag-

glomeration in China [J]. Journal of Environmental Management, 2020, 260:110061.

[187] 方时姣，肖权．中国区域生态福利绩效水平及其空间效应研究［J]. 中国人口·资源与环境，2019，29（3）：1-10.

[188] 郭将，许泽庆．工业多样化集聚、空间溢出与区域创新效率——基于空间杜宾模型的实证分析［J]. 软科学，2019，33（11）：120-124+137.

[189] 卢娜，王为东，王淼，等．突破性低碳技术创新与碳排放：直接影响与空间溢出［J]. 中国人口·资源与环境，2019，29（5）：30-39.

[190] 张桅，胡艳．长三角地区创新型人力资本对绿色全要素生产率的影响——基于空间杜宾模型的实证分析［J]. 中国人口·资源与环境，2020，30（9）：106-120.

[191] 张翠菊，柏群，张文爱．中国区域碳排放强度影响因素及空间溢出性——基于空间杜宾模型的研究［J]. 系统工程，2017，35（10）：70-78.

[192] Li B, Wu S S. Effects of local and civil environmental regulation on green total factor productivity in China: A spatial Durbin econometric analysis [J]. Journal of Cleaner Production, 2017, 153: 342-353.

[193] LeSage J, Pace R K. Introsuction to spatial econometrics [M]. Boca Raton: CRC Press/Taylor and Francis, 2009.

[194] Elhorst J P. Matlab Software for Spatial Panels [J]. International Regional Science Review, 2014, 37 (3): 389-405.

[195] Shen J, Wang S J, Liu W, et al. Does migration of pollution-intensive industries impact environmental efficiency? Evidence supporting "Pollution Haven Hypothesis" [J]. Journal of Environmental Management, 2019, 242: 142-152.

[196] 邱新国，谭靖磊．产业结构调整对节能减排的影响研究——基于中国247个地级及以上城市数据的实证分析［J]. 科技管理研究，2015，35（10）：239-243+254.

[197] 陈林，肖倩冰，蓝淑菁．基于产业结构门槛效应模型的环境政策治污效益评估——以《大气污染防治行动计划》为例［J]. 资源科学，2021，43

(2): 341-356.

[198] 李鹏．产业结构调整恶化了我国的环境污染吗？[J]．经济问题探索，2015 (6): 150-156.

[199] 李健，刘召．中国三大城市群绿色全要素生产率空间差异及影响因素[J]．软科学，2019，33 (2): 61-64+80.

[200] 冯冬，李健．我国三大城市群城镇化水平对碳排放的影响 [J]．长江流域资源与环境，2018，27 (10): 2194-2200.

[201] 孙叶飞，夏青，周敏．新型城镇化发展与产业结构变迁的经济增长效应 [J]．数量经济技术经济研究，2016，33 (11): 23-40.

[202] Yasmeen H, Tan Q M, Zameer H, et al. Exploring the impact of technological innovation, environmental regulations and urbanization on ecological efficiency of China in the context of COP21 [J]. Journal of Environmental Management, 2020, 274: 111210.

[203] Shi X C, Li X Y. Research on three-stage dynamic relationship between carbon emission and urbanization rate in different city groups [J]. Ecological Indicators, 2018, 91: 195-202.

[204] Bai Y P, Deng X Z, Jiang S J, et al. Exploring the relationship between urbanization and urban eco-efficiency: Evidence from prefecture-level cities in China [J]. Journal of Cleaner Production, 2018, 195: 1487-1496.

[205] 钱莎莎，高明，黄清煌．环境规制实现了节能减排与经济增长的双赢？[J]．生态经济，2019，35 (1): 154-160.

[206] 徐建中，王曼曼．绿色技术创新、环境规制与能源强度——基于中国制造业的实证分析 [J]．科学学研究，2018，36 (4): 744-753.

[207] Ren S G, Li X L, Yuan B L, et al. The effects of three types of environmental regulation on eco-efficiency: A cross-region analysis in China [J]. Journal of Cleaner Production, 2018, 173: 245-255.

[208] Yu J Q, Zhou K L, Yang S L. Regional heterogeneity of China's energy

efficiency in "new normal"：A meta-frontier Super-SBM analysis [J]. Energy Policy, 2019, 134：110941.

[209] 秦琳贵，沈体雁. 地方政府竞争、环境规制与全要素生产率 [J]. 经济经纬，2020，37（5）：1-8.